Sven von Loga
Claudia Lehnen

Kiesel, Gold & schroffe Felsen

Geo-Exkursionen für Familien
im nördlichen Rheinland

Eifelbildverlag

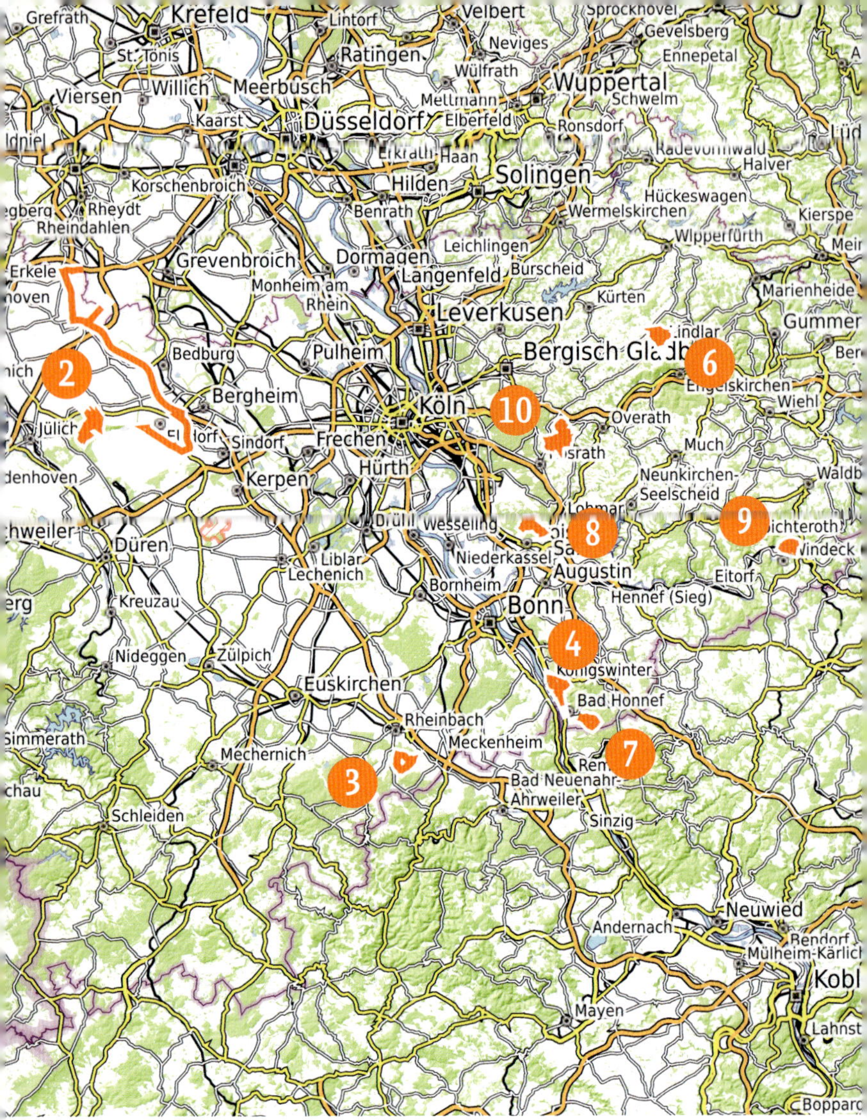

Hier finden Sie die GPS-Dateien der Exkursionen:
https://eifelbildverlag.de/extras/geo01

Inhalt

Einleitung 4

1 Rheinkiesel 11
Schatztruhe Rheinufer

2 Braunkohletagebau 23
Die größten Löcher in ganz Europa

3 Tomburg und Rheinbacher Wald 37
Auf der Suche nach dem Brunnenschatz

4 Drachenfels 49
Ausflug in Siegfrieds märchenhaftes Land

5 Goldwaschen im Rhein 65
Auf der Suche nach dem Rheingold

6 Steinhauerpfad bei Lindlar 73
Von Staublunge und Grauwacke

7 Leyberg 85
Einsam auf dem Gipfel

8 Südliche Wahner Heide 95
Auf den Spuren der Eiszeit

9 Siegwasserfall und Burgruine 107
Wo die Sieg sich in die Tiefe stürzt

10 Lüderich 117
Wo schon die Römer nach Erzen gruben

Einleitung

Diesen Exkursionsführer haben wir für Familien geschrieben, die die Geologie und die Erdgeschichte des Rheinlands kennen lernen wollen. Unterwegs auf Touren stoßen wir immer wieder auf Gesteinsformationen, wir finden bunte Sedimentschichten in alten Steinbrüchen, in Bachläufen entdecken wir freigespülte Felsen. Manchmal glitzern Kristalle in der Sonne, auf Äckern liegen Fossilien herum. Wir wandern zwischen Vulkanen hindurch und stoßen auf Höhlen. All das ist Geologie. Geologie ist extrem spannend, wenn wir sie verstehen und wenn wir ihre Schrift lesen können. Wir stehen im Gelände vor Zeugnissen, die die Erde vor vielen Jahrmillionen schuf. Für denjenigen, der sie interpretieren kann, ist es so, als würde er einen Krimi lesen. Denn die Geschichte der Erde ist ein seit Jahrmillionen andauerndes Abenteuer voller Katastrophen. Kontinente brechen auseinander und stoßen zusammen, Erdbeben verändern die Erdoberfläche. Vulkane schütten Lavamassen über die Erde und vernichten ganze Landschaften. Aber auch ganz langsame Vorgänge haben gravierende Folgen. Fließendes Wasser gräbt sich tief in Gebirge ein, bildet gewaltige Täler, frisst Höhlen in den Stein und schafft auf der anderen Seite tausende Meter dicke Sedimente im Meer.

Alles aber dauert seine Zeit, die Zeit ist die vierte Dimension der Geologie. Immer müssen wir im Auge behalten, dass geologische Vorgänge in Zeiträumen ablaufen, die wir benennen, aber die wir uns nicht vorstellen können. Wer kann ermessen, wie lange hundert Millionen Jahre sind? Wer kann sich in Gedanken ausmalen, dass sich ein Kontinent fortbewegt? Ein Gebirge wie die Alpen wird in absehbarer Zeit zu Sandkörnern zerbröselt sein. Ein paar Dutzend Millionen Jahre wird das dauern, können wir so einen Vorgang erfassen? Das gewaltige

Mittelrheintal mit der Loreley erscheint wie aus Stein gemeißelt und ist doch erdgeschichtlich ganz jung. Erst vor 400.000 Jahren begann der Rhein, sich in das Rheinische Schiefergebirge hinein zu fressen. Das soll jung sein? Ja, denn die Gesteine des Rheinischen Schiefergebirges sind dagegen uralt, sie entstanden vor 400 Millionen Jahren im Devonmeer, das damals die Region des heutigen Europas bedeckte.

Vor 450 Millionen Jahren bildeten sich auf der Erde große Kontinentalmassen heraus. Im Süden lag der Urkontinent Gondwana, er bestand aus den alten Teilen des heutigen Afrikas, Südamerikas, der Antarktis, Australiens, Madagaskars und Indiens. Im Norden lag der Kontinent Laurussia. Großbritannien, Spitzbergen, Grönland und Nordostkanada enthalten Reste von ihm.

Aber was heißt jetzt schon wieder »alte Teile«? Nehmen wir Afrika, es besteht aus einem ganz alten Teil der Erdkruste, einem Kraton. Auf seinem Weg nach Norden schob es wie die Bugwelle eines Schiffs Sedimente vor sich her, die sich zum Gebirge auftürmten, dem Atlasgebirge. Oder Südamerika: Einst war auch Südamerika Teil des Urkontinentes Gondwana, erst zu Beginn des Erdzeitalters Jura zerbrachen die zusammenhängenden Landmassen von Afrika und Südamerika, jetzt erst öffnete sich der zuvor nicht existente Atlantik. Südamerika wurde von Afrika weggedrückt und an seiner Ostseite entstand eine Knautschzone, eben die Anden.

Zurück jedoch nach Europa. Während im Süden Gondwana lag, breitet sich im Norden Laurussia aus, auch Old-Red-Kontinent genannt. Dazwischen lag ein Urozean, die Paläothethys, den letzten Rest davon finden wir im heutigen Mittelmeer. Auf dem

Nordkontinent hatte sich ein Hochgebirge gebildet, das Kaledonische Gebirge, groß wie die heutigen Alpen, das nun langsam verwitterte. Die Verwitterungsprodukte, Sand, Kies und Ton wurden in das südliche Meer, die Paläothethys gespült. Hier bildeten sich zur Zeit des Unterdevon bis zu zehn Kilometer dicke Sedimente, überwiegend Sandsteine und Grauwacke. Auch Grauwacke ist ein Sandstein. Zwischen Gondwana im Süden und dem Old-Red-Kontinent im Norden lagen nun mächtige Meeressedimente. Gondwana drängte nach Norden, der Urozean wurde eingeengt und die Sedimente des unterdevonischen Meeres zu einem neuen Gebirge zusammengedrückt, das die Geologen Variszisches Gebirge nennen. Dieses Gebirge faltete sich im Erdzeitalter Unterkarbon vor 350 Millionen Jahren auf, im Oberkarbon vor 300 Millionen Jahren war es wieder verwittert. Bedenken wir dabei immer die langen Zeiträume. Wächst ein Gebirge nur um einen Millimeter im Jahr, steht dort nach 20 Millionen Jahren ein Hochgebirge. Wandert ein Kontinent nur einen Zentimeter im Jahr, ist er nach zehn Millionen Jahren 1000 Kilometer entfernt.

Der Rumpf dieses Variszischen Gebirges ist das heutige Rheinische Schiefergebirge – Eifel, Sauerland, Siegerland, Bergisches Land, Hunsrück und Taunus. Aber auch die Belgischen Ardennen und Gebirge Böhmens in Osteuropa gehören dazu.

Im Perm, vor 300 Millionen Jahren, trafen alle existierenden Kontinentalmassen aufeinander, es bildete sich der Riesenkontinent Pangäa. Auf der Erde existiere jetzt nur noch ein großer Kontinent, wie eine Bucht ragte von Osten her die Paläothethys dort hinein.

Nur selten konnten Regenwolken den weiten Weg ins Landesinnere zurücklegen, auf dem Kontinent entwickelten sich deshalb großflächige Wüsten.

Zum Anfang des Erdmittelalters, zu Beginn der Trias vor rund 250 Millionen Jahren, lag der Bereich des Rheinlands auf dem Festland. Von den Ardennen, damals ein Hochland, wurde Verwitterungsschutt in das Eifelbecken gespült, die Eifel war damals ein Senkungsgebiet. Abgelagert wurden bunte, meist rötliche Sandsteine und Konglomerate mit kleinen bis kindskopfgroßen Quarzgeröllen. Die Ablagerungen waren terrestrisch, wurden also nicht im Meer, sondern auf dem Festland sedimentiert. Es handelte sich um Schuttmassen, die einfach die Berge hinab rutschten, es gibt Gebiete, in denen Flussablagerungen auftreten, in andern finden sich Dünensande. Die Sedimente des Bundsandsteins finden sich vor allem im Raum Trier, in der Südeifel, in der Umgebung vor Gerolstein, in der Mechernicher Triasbucht und im Rurtal bei Nideggen. Anderswo sind sie bereits wieder verwittert.

Der Urkontinent Pangäa im Perm

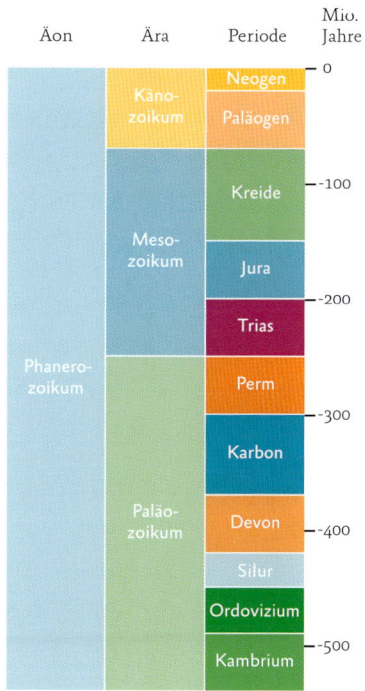

Aus den Erdzeitaltern Jura und Kreide gibt es im Rheinland keine Ablagerungen. Erst im Tertiär kommt es wieder zu landschaftsformenden Ereignissen. Vor etwa 50 Millionen Jahren begann der Vulkanismus in der Zentraleifel oder Hocheifel.

Vor 30 Millionen Jahren brach die Niederrheinische Bucht ein. Große Bruchstrukturen in der Erdkruste ließen den Raum zwischen Bonn, Aachen, Roermond und Wesel absinken. Den Übergang vom Mittelrhein zum Niederrhein erkennen wir etwa bei Linz, hier öffnet sich das enge Mittelrheintal, die Berge weichen auseinander, werden flacher und gehen in eine Ebene über, die Niederrheinische Bucht. Die Nordsee drang in diesen Bereich vor, damals lag die Nordseeküste bei Bonn. Entlang der Küsten bildeten sich Sümpfe, aus denen mächtige Torfablagerungen entstanden. Aus diesem Torf entwickelte sich im Laufe der folgenden Jahrmillionen die Rheinische Braunkohle. Die Niederrheinische Bucht sank weiter ab, insgesamt lagerten sich während des Erdzeitalters Tertiär eintausend Meter mächtige Sedimente ab.

Vor 25 Millionen Jahren stieg an der östlichen Bruchzone der Niederrheinischen Bucht bei Königswinter Magma auf. Es kam zu gewaltigen Vulkanausbrüchen, die Region zwischen Porz im Norden und Linz im Süden wurde von einer zweihundert Meter dicken Tuffschicht bedeckt. Danach war erst einmal Ruhe, bis eine Million Jahre später wieder Magma aufstieg, allerdings waren es diesmal nur kleine Mengen, die Lava drang in den Tuff ein und blieb dort stecken. Es bildeten sich dort sozusagen Lavablasen mit einigen hundert Metern Durchmesser. Um keinerlei Verwirrung aufkommen zu lassen: Die Vulkanologen bezeichnen eine Schmelze als Magma, solange sie in der Erde ist, wenn sie an der Erdoberfläche als Vulkan austritt, bezeichnen sie die Schmelze als Lava. Auch die Schmelzen, die im Tuff stecken blieben, werden als Lava bezeichnet, obwohl sie nicht an die Oberfläche gelangten, sondern kurz darunter stecken blieben, wir nennen diese Vulkansorte Subvulkane.

Diesen Subvulkanen haben wir eine der schönsten Landschaften des Rheinlandes zu verdanken – das Siebengebirge. Die Subvulkane bestehen aus den Gesteinen Basalt, Trachyt und Latit, im Vergleich zum weichen Tuff handelt es sich dabei um sehr verwitterungsresistente Gesteine. Der Tuff fiel Wind und Wetter zum Opfer, wurde abgetragen und vom Rhein in die Nordsee gespült. Die harten Lavakörper, die Subvulkane, aber wurden heraus präpariert und bilden heute die Gipfel des Siebengebirges. Petersberg, Drachenfels, Oelberg, Leyberg (in diesem Buch erwandern wir Drachenfels und Leyberg) sind solch freigewitterte Intrusionen. Etwa 50 solcher Subvulkane bilden das Siebengebirge. Auf der anderen Rheinseite, im Drachenfelser Ländchen, finden sich auch noch ein paar gleichartige Vulkane, die dem Siebengebirgsvulkanismus hinzuzurechnen sind. Wachtberg, Hohenberg, Stumpeberg, Dächelsberg und die Basaltkegel, auf denen die Godesburg und der Rolandsbogen stehen, stammen aus der Zeit des Siebengebirgsvulkanismus und gehören dazu. Dass zwischendrin der Rhein entlang fließt, hat mit den Ereignissen im Untergrund nichts zu tun. Ebenfalls völlig unabhängig von den Subvulkanen des Siebengebirges ist der große Vulkan Rodderberg bei Bonn-Mehlem entstanden, er ist geologisch sehr jung, nur etwa 300.000 Jahre alt und ein etwas abseits gelegener Vulkan des Osteifelvulkanismus.

Erst vor rund einer Million Jahren wurde in der Eifel der Vulkanismus wieder aktiv. In der Westeifel und in der Osteifel brachen hunderte Vulkane aus. Der jüngste ist das Ulmener Maar, das vor 11.000 Jahren entstand.

Rheinkiesel

1

Schatztruhe Rheinufer

Kieselsteine am Rheinufer erzählen von 400 Millionen Jahren Geologie in Deutschland

❭❭ Weil es total interessant ist!«

(Raoul, 5 Jahre)

❭❭ Sein Uropa aus der Normandie (heute 93 Jahre alt) hatte einen kleinen Steinbruch und sammelte dort selbst Fossilien. Der Austausch über die Steine ist für Raoul immer ein besonderes Highlight, wenn wir dort Urlaub machen. Als netter Nebeneffekt wird mit jedem Besuch Raouls Fossiliensammlung größer und die seines Uropas kleiner.«

(Raouls Vater)

Geeignet für: Jedermann, der es bis ans Rheinufer schafft

Ausgangspunkt: Für diese Exkursion kann man keine genaue Location angeben. Überall am Ufer des Niederrheins lassen sich mehr oder weniger viele Rheingerölle finden, der Rhein und seine Nebenflüsse haben sie mitgebracht. Sie stammen aus den Landschaften, die Rhein, Mosel, Neckar, Ahr, Ruhr, Nahe, Main und viele kleine Bäche durchfließen, dort sammeln die Flüsse Gesteine ein und transportieren sie in den Rhein, der sie wiederum in die Nordsee mitnimmt. Wenn sie überhaupt so lange durchhalten – die meisten Steine werden zu kleinen Sandkörnern gemahlen. So wird der Rhein zum wichtigen Materiallieferant für das Wattenmeer. Wer sich auskennt, läuft am Rheinufer entlang, sammelt Gerölle und kennt ihre Entstehung, ihre Herkunft und ihre Namen.

Verschiedene, besonders schöne Rheinufer zum Rheingerölle sammeln gibt es beispielsweise hier:

- Ahrmündung
- Bonn-Mehlen
- Königswinter-Niederdollendorf
- Bonn am »Bundeshäuschen«
- Porz-Langel
- Weißer Bogen im Kölner Süden
- Köln-Niehl
- Zons
- Urdenbacher Kämpen
- Düsseldorf-Kaiserswerth
- weiter das Rheinufer entlang Richtung Nordsee

Einfacher gesagt, überall dort, wo am Rheinufer viele Rheinkiesel herum liegen, lohnt sich das Suchen. Besonders interessant ist es an Stellen, wo der Rhein in seinem Fluss nicht durch Buhnen gehemmt wird, also dort, wo das Wasser ungebremst fließen kann, denn hier lagern sich mehr Gerölle ab, als in den Buchten zwischen den Buhnen, wo eher feiner Sand hingeschwemmt wird.

Natürlich sind auch die Kiesgruben entlang des Rheins hervorragende Fundstellen, nur ist das Betreten meist verboten und bedarf der Genehmigung durch den Grubenbesitzer.

Streckenlänge: meist nur kurz das Rheinufer entlang

Höhenmeter Anstieg/Abstieg: 2 Meter

Anforderungen: ganz leicht

Picknickplätze: an allen vorgeschlagenen Orten lässt es sich sehr gut picknicken

Empfohlene Ausrüstung: Hammer, Schutzbrille, Lupe, Einwickelpapier für empfindliche Funde

Buchempfehlung: Hier können wir leider nicht alle Rheingerölle beschreiben, viele sind erklärt und abgebildet im Kosmos-Naturführer »Steine an Fluss, Strand und Küste: finden, sammeln, bestimmen« (978-3-440-13531-0).

Viele Stellen am Rheinufer zwischen Linz und der Mündung des Rheins in die Nordsee sind mit Kieselsteinen bedeckt. In diesen Kieselsteinmassen, korrekt müssten sie Rheingeröllmassen heißen, finden sich viel Schätze: Achat, Jaspis, Karneol, Bergkristalle, Fossilien, versteinertes Holz sowie Knochen und Zähne vom Mammut und anderen eiszeitlichen Tieren. Aber auch die »normalen« Rheingerölle wie Sandsteine, diverse Vulkanite und Kalksteine sind nicht minder interessant, erzählen sie doch die Geschichte ihrer Herkunft und Entstehung und die liegt oft sehr viele Jahrmillionen zurück.

Tourbeschreibung

Wir machen uns auf ans Rheinufer, dorthin, wo möglichst viele Kieselsteine liegen. Niedrigwasser ist dabei nicht immer von Vorteil, denn die Gerölle, die dann zum Vorschein kommen, sind dreckig und oft von Kieselalgen überzogen und kaum zu erkennen. Am besten sind die weiter oben gelegenen gut abgeregneten Stellen. Da die Farben und Strukturen der Gesteine besser zu erkennen sind, wenn das Gestein nass ist, ist das optimale Sammelwetter eigentlich ein leichter Nieselregen. Wenn es nicht regnet, spaziert es sich gut am Ufer entlang, wo die Gesteine nass sind.

Um die Rheingerölle gut und richtig bestimmen zu können, um also sagen zu können, wo genau sie herkommen, sind gute regionale Kenntnisse notwendig. Man muss wissen, wo denn die Gerölle, die am Rhein herum liegen, als Felsen wiederzufinden sind.

Die häufigsten Gerölle sind Quarzite, Quarzsandsteine und Sandsteine aus dem Rheinischen Schiefergebirge – Eifel,

Geologischer Exkurs:
Die Entstehung und Herkunft der Rheinkiesel

Eigentlich ist die Sache recht einfach. In den Schweizer Alpen, am Thomasee, liegt die Quelle des Rheins. Ein kleiner Bach verlässt hier den See, windet sich durch die Alpen, immer wieder münden andere Bäche in ihn hinein, sie alle bringen nicht nur Wasser, sondern auch verschiedene Gesteinstrümmer der Regionen mit, die sie durchfließen. So wird der erst mickerige Rhein immer größer und kräftiger, bis er endlich zum großen Strom anwächst.

Zwischendrin aber liegt noch der Bodensee. Er wirkt wie eine gigantische Kläranlage für Kieselsteine, denn alles, was in den Bodensee hinein gespült wird, setzt sich dort ab, an der anderen Seite des Bodensees fließt nur klares Wasser hinaus. Hinter dem Bodensee finden sich also keine alpinen Flussgerölle. Aber da wäre noch die Aare, die am Schweizer Jura vorbei fließt bei der Schweizer Stadt Koblenz hinter dem Bodensee aber noch vor Basel in den Rhein mündet. Die Kalksteine, die sie mitbringt, finden sich nur am Oberrhein, sie schaffen es nicht bis an den Niederrhein, bis dahin sind sie zermahlen und aufgelöst.

Allerdings: früher waren die Flüsse noch nicht kanalisiert und durch Staustufen gebremst, deshalb konnte viel mehr Material vom Rhein transportiert werden, das heute einfach liegen bleibt. Wir müssen auch bedenken, dass die Ablagerungen des Rheins ganz überwiegend nicht von heute stammen, sondern in den Eiszeiten entstanden sind. Während der regelmäßigen Vereisungen im Pleistozän (Eiszeitalter, von 1,8 Millionen Jahren bis ca. 12.000 vor heute) war die Verwitterung der Gesteine durch Frostsprengung viel intensiver, es wurde viel mehr Schutt erzeugt, der in den Rhein gelangte, den dieser letztendlich überwiegend in der Niederrheinischen Bucht ablagerte. Rechts und links des Rheins liegen die jüngsten Gerölle, es sind die Ablagerungen aus der letzten Eiszeit, sie sind etwa 15.000 Jahre alt.

Etwas weiter entfernt vom Rhein, an manchen Stellen durch eine 15 bis 20 Meter hohe Geländestufe deutlich getrennt, finden wir die Ablagerungen einer früheren Eiszeit (eine Million Jahre bis 400.000 Jahre vor heute).

Sauerland, Bergisches Land, Westerwald, Hunsrück und Taunus. Sie sind etwa 400 Millionen Jahre alt, bildeten sich aus den Sandablagerungen im Devonmeer, als diese durch tektonische Bewegungen in die Tiefe abgesenkt wurden. Sie sind meist grau bis braun, glatt und fest und schlagen wir sie auf und schauen hinein, sind keine einzelnen Sandkörner zu erkennen.

Ganz anders verhält es sich bei einem rötlichen Sandstein, dessen Gerölle wir recht häufig finden. Schlagen wir ihn auf, bröseln direkt größere Sandkörner in unserer Hand. Es handelt sich um Buntsandsteine aus der unteren Triaszeit, die sich vor 250 Millionen Jahren in einem trockenen, heißen Wüstenklima in der westlichen Eifel ablagerten. Wir finden diese Gesteine im Raum Nideggen und bei Gerolstein. Diese Sandsteine wurden tektonisch nicht abgesenkt, liegen seit 250 Millionen Jahren auf der Eifel und wurden nicht stark verfestigt wie die devonischen Sandsteine und Quarzite.

Interessant und faszinierend sind natürlich stets vulkanische Aktivitäten, vor allem dann, wenn sie auch noch schöne Gerölle mitbringen. So geschah es, dass im Erdzeitalter Perm vor 280 Millionen Jahren im Saar-Nahe-Bergland Vulkanite (Basalte und Rhyolite) ausflossen und ein 2800 km2 großes Areal mit einer Dicke von über 100 Meter bedeckten. Diese Lava war gashaltig, das vulkanische CO_2-Gas kam wegen des hohen Drucks im Erdinnern als Flüssiggas aus dem Untergrund, dehnte sich an der Erdoberfläche dank der Druckentlastung aus und wurde zu Gasblasen in der Lava. Die Gasblasen wollten raus aus der Lava, die allerdings war durch die einsetzende Abkühlung schon zu zäh, die Gasblase blieb in der Lava und bildete ein Loch. Aus dem Untergrund drangen sehr heiße Wässer empor, in denen Quarz gelöst war, sogenannte hyrdrothermale Lösungen. Unter hohem Druck bleibt Wasser bis zu seiner kritischen Temperatur von 374°C flüssig, Quarz kann sich unter solchen Druckverhältnissen im heißen Wasser lösen, fällt aber bei Abkühlung und Druckentlastung wieder aus. In den ehemaligen Gasblasen der Lava scheidet sich der Quarz in feinkristallinen Lagen wieder ab und es können schöne Mineralknollen entstehen: feingebänderte Achate zum Beispiel. Achat ist mikrokristalliner Quarz, das heißt die Kristalle lassen sich nur mit einem Lichtmikroskop erkennen, nicht aber mit bloßem Auge. Eine Achatknolle ist kein Kristall, sondern ein Aggregat aus sehr vielen Mikrokristallen. Achate sind oft wunderbar gebändert und gefärbt. Ist der Hohlraum, in unserem Fall die einstige Gasblase, komplett ausgefüllt, nennt man es eine Mandel, ist in der Mitte noch ein Hohlraum, in dem dann häufig Kristalle wachsen, nennt man das eine Druse.

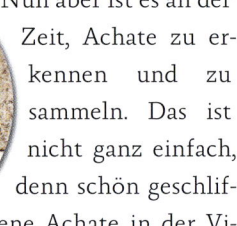

Nun aber ist es an der Zeit, Achate zu erkennen und zu sammeln. Das ist nicht ganz einfach, denn schön geschliffene Achate in der Vitrine sehen doch anders aus als der Rohstein. Da hilft nur Ausdauer und ein geschultes Auge.

Auffällig stechen unter den Rheinkieseln die schönen roten Eisenkiesel hervor. Sie sind rot gefärbt. Das kommt durch das eingeschlossene Material Hämatit, dem Eisenoxid Fe_2O_3. Diese Kiesel stammen aus dem Lahn-Dill-Gebiet, hier wurde der Roteisenstein Jahrhunderte lang als Eisenerz abgebaut. War der Eisengehalt hoch genug, wurde das Erz verhüttet, Material mit zu niedrigem Eisengehalt wurde auf Halden gekippt und gelangte so über die Lahn in den Rhein. Roteisenstein ist auch als Pulver rot, reibt man ihn über eine raue Porzellanplatte, hinterlässt er einen roten Strich. Mineralogen kennen für jedes Mineral eine charakteristische Strichfarbe, auf der Porzellanplatte wird Abrieb erzeugt, so wird ein kleiner Teil des Minerals pulverisiert. Rote Eisenkiesel sind hart, dadurch gut polierfähig, leicht zu erkennen und in ausreichender Anzahl in den Rheinkieseln vorhanden. Auch im hessischen Kellerwald gibt es rote Eisenkiesel, sie werden dort Kellerwaldachate genannt. Zwar fließen die Bäche und Flüsse des Kellerwaldes überwiegend in die Weser, aber es gibt auch eine Verbindung zum Rhein.

Natürlich gibt es noch ganz andere Dinge in den Rheingeröllen zu entdecken. Oft finden sich Fossilien, meist muschelartige Brachiopoden oder Seelilienstielglieder. Seelilienstielglieder entdecken wir vielfach in den devonischen Sedimenten des Rheinischen Schiefergebirges. Sie sind in Exkursion 6 zu den Lindlarer Grauwacken beschrieben.

Rheinkiesel

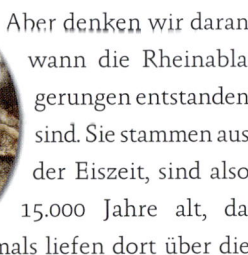

Aber denken wir daran, wann die Rheinablagerungen entstanden sind. Sie stammen aus der Eiszeit, sind also 15.000 Jahre alt, damals liefen dort über die Kiesbänke des Rheins natürlich auch eiszeitliche Tiere. Das bekannteste ist wohl das Mammut, aber auch Pferde, Hirsche und Rentiere gehörten dazu. Wenn sie von Raubtieren gerissen wurden, oder eines anderen Todes starben, blieben ihre Knochen und Zähne in den Rheinkieseln oftmals erhalten.

Suchen wir in einer Kiesgrube, so ist das Material, das dort abgebaggert wird, seit der Eiszeit unberührt und taucht in den Sanden und Kiesen dort ein Zahn oder Knochen auf, so ist er eiszeitlich. Anders am Rheinufer. Dort wird im Sommer viel gegrillt, ein Knochen muss nicht vom Urzeitrind sein, sondern kann auch einfach vom Kotelett der letzten Woche stammen. In Städten wie Köln wurden außerdem jahrhundertelang alle denkbaren Schlachtabfälle einfach in den Rhein gekippt. Pferdezähne können darüber hinaus auch von Treidelpferden sein, die während der Arbeit verstarben. Treidelpferde zogen früher Lastkähne rheinaufwärts, entlang des Rheinufers verliefen die Treidelpfade, die heute auch noch oft als Straßennamen verwendet werden.

Also: Vorsicht bei Zähnen und Knochen. Aber auch ein mittelalterlicher Pferde- oder Rinderzahn ist ein spannender Fund.

Geschichte, zu erzählen bei der Rast:
Die Treidelpferde

Früher gab es keine Motoren, mit denen sich die Rheinschiffe rheinaufwärts fortbewegen konnten. Segeln war auch nicht möglich, also wurden die Lastkähne von Pferden den Rhein gegen die Strömung hinauf gezogen. Es war kein leichtes Leben für die Pferde, vielmehr eine Schinderei, an dicken Hanfseilen zogen sie die schweren Lastkähne bergan. Um einen mit 50 Tonnen Last beladenen Kahn zu ziehen, wurden 20 Pferde eingesetzt. Für diese Pferde gab es bestimmte Wege am Rheinufer, die nicht von Fuhrwerken befahren werden durften und auf die auch kein Vieh getrieben wurde. Man nannte sie Treidelpfade oder Leinpfade. Zwischen Köln und Koblenz verlief damals auf der linken Rheinseite zwischen Ufer und Deich der etwa sieben Meter breite Leinpfad, der auch heute oft noch diesen Namen trägt, beispielsweise im Kölner Stadtteil Rodenkirchen und am Bonner Rheinufer, wo er heute als Fahrradweg ausgebaut ist.

Braunkohletagebau 2

Die größten Löcher in ganz Europa

Die Tagebaue der Rheinischen Braunkohle

» Auf dem *Terra Nova* Spielplatz habe ich immer Spaß, weil ich viele verschiedene Sachen machen kann. Die Baggergrube ist mega groß und spannend.«

(Anna Maria, 7 Jahre)

Braunkohletagebau

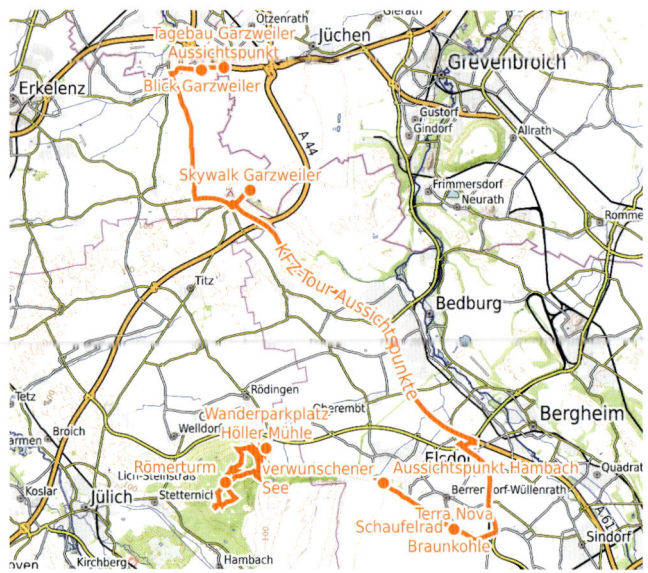

Geeignet für: Alle Aussichtspunkte sind mit dem Auto zu erreichen und barrierefrei. Die vorgeschlagene Wanderung auf die Sophienhöhe hat durchaus 200 Höhenmeter Anstieg und bedarf ein bisschen Kondition.

Ausgangspunkt: nach eigener Wahl, empfohlen ist der Aussichtspunkt Garzweiler

Streckenlänge: etwa 40 Kilometer Autofahrt vom ersten bis zum letzten Aussichtspunkt

Anforderungen: nur Autofahren und schauen, aber es gibt auch einen interessanten Wandervorschlag

ÖPNV: leider nicht

KFZ-Navi: wir empfehlen vier Aussichtspunkte an den Tagebauen Garzweiler und Hambach. Sie finden die Punkte unter den hier genannten Namen bei *Google Maps* und werden so sicher dorthin geleitet. Es lohnt sich, die empfohlenen Tageszeiten zu beachten, damit die Sonne im günstigen Winkel in den Tagebau scheint.

- Aussichtspunkt Tagebau Garzweiler Süd bei Mönchengladbach-Wanlo
- Skywalk Jackerath
- Forum *Terra Nova* bei Elsdorf
- Aussichtspunkt Tagebau Hambach bei Elsdorf

Spannend ist schon die Tatsache, dass auf *Google Maps* (Stand 08/2019) noch eine Autobahn verzeichnet ist, die längst dem Braunkohleabbau zum Opfer gefallen ist. Die A61 zwischen dem Autobahnkreuz Wanlo und dem Dreieck Jackerath gibt es nicht mehr. Die Trasse ist neu gebaut auf der A44, beide Autobahnen laufen hier sechsspurig parallel.

Einkehr: an keinem der Punkte, aber in den Orten ringsherum gibt es ausreichend Gaststätten.

Picknickplätze: Skywalk Jackerath und Aussichtspunkt *Terra Nova*

Attraktionen mit Eintritt: keine

Empfohlene Ausrüstung: Fotoapparat, am besten mit Teleobjektiv und Weitwinkelobjektiv

Löcher in der Erde, die so groß sind wie die Tagebaue der Rheinischen Braunkohle, gibt es nirgendwo anders in Europa. Fassungslos stehen wir vor diesen gewaltigen Aufschlüssen, die unser Geologenherz jubeln lassen, der Blick in die Schichten der Erde ist phänomenal. Jeder Technikbegeisterte ist fasziniert von den monströsen Schaufelradbaggern, die sich pausenlos in die Sedimente fressen. Gleichzeitig sind wir entsetzt über dieses gewaltige Ausmaß an Natur- und Umweltzerstörung. Wir wollen diesen Ausflugstipp unpolitisch halten: sehen Sie ihn technisch, geologisch oder ökologisch. Setzen Sie Ihren Schwerpunkt selbst: in jedem Fall lohnt sich der Besuch der Aussichtspunkte und verschafft dramatische Einblicke, die jeden berühren werden, der sich hier über die Landschaftszerstörung informiert.

Tourbeschreibung

Aussichtspunkt Tagebau Garzweiler Süd bei Mönchengladbach-Wanlo

Empfohlene Besuchszeit: vormittags, weil dann die Sonne den westlichen Rand, die Abbauzone des Tagebaus, beleuchtet.

Vom Autobahnkreuz Mönchengladbach-Wanlo fahren wir auf der alten A61 Richtung Jackerath und verlassen die Autobahn an der ersten Ausfahrt – notgedrungen, denn hier endet die einstige A61. Zum großen Teil ist die Trasse bereits verschwunden, bald wird auch das Gelände weggebaggert werden, ganze Ortschaften werden dann dem Tagebau zum Opfer fallen. Wir aber fahren rechts ab und im Kreisverkehr nach 200 Metern findet sich der Wegweiser zum

Geologischer Exkurs:
Die Entstehung der Braunkohle

Dreißig Millionen Jahre ist es her, da zerbrach im Erdzeitalter Miozän zwischen Mönchengladbach, Köln und Bonn durch tektonische Bewegungen die Erde, und die Niederrheinische Bucht senkte sich ab. Wie ein großer Keil ragt seither die Niederrheinische Bucht von Norden ins Rheinische Schiefergebirge hinein, rechts und links finden sich Bruchzonen, an denen entlang das Schiefergebirge nach oben steigt und die Niederrheinische Bucht absinkt. Und weil die Erdschollen in der Bucht nach unten sinken, gelang es einst der Nordsee in dieses Gebiet vorzudringen, im Miozän lag die Nordseeküste am Siebengebirge. Nun darf man sich das nicht als idyllische Strandlandschaft vorstellen, auch wenn das miozäne Klima schön warm war. Das Klima war aber auch feucht, an den Küsten hatten sich riesige Sümpfe gebildet, auch mächtige Bäume wuchsen dort. In der Braunkohle finden sich immer wieder Baumstämme, auch die von gewaltigen Mammutbäumen. Wahrscheinlich schwirrten riesige Libellen und stechende Insekten herum. Jahrmillionen lang wuchsen diese Sümpfe nach oben, denn der Untergrund sank ab, es bildeten sich Moore mit immer mächtiger werdenden Torfschichten. Zwanzig Millionen Jahre standen dafür zur Verfügung, in einem Zeitraum von vor 26 bis 6 Millionen Jahren bildeten sich bis zu 100 Meter mächtige Braunkohleflöze. Im danach folgenden Erdzeitalter Pliozän änderten sich dann die Klimaverhältnisse, es wurde kühler. Vor zwei Millionen Jahren begann das Eiszeitalter Pleistozän. Die Erdschollen der Niederrheinischen Bucht sanken weiter nach unten, der Rhein schüttete darüber seine Geröllmassen, die als Rheinterrassen bezeichnet werden und teils über eine Million Jahre alt sind. Später

Braunkohletagebau

wurden diese Torflagen durch Sande bedeckt, durch den Druck der aufliegenden Schichten wurden sie verfestigt und verwandelten sich in Torf, später in Braunkohle. Es bildeten sich die rheinischen Braunkohleflöze, die heute in den Tagebauen abgebaut werden. Woher wissen wir eigentlich, dass die Nordsee bei Bonn war? Ganz einfach: Bohren wir ein Loch und ziehen den Bohrkern nach oben, so finden sich in den Schichten marine Fossilien, die nur im Meer leben. Das einzig infrage kommende Meer ist die Nordsee.

Aussichtspunkt Garzweiler, die Straße führt am Rande des Tagebaus vorbei. Überall in den Feldern stehen hier Pumpen, die das Wasser aus dem Boden saugen, um den Grundwasserspiegel um hunderte Meter zu senken, sonst würde sich der Tagebau in einen See verwandeln. Durchsetzt mit diesen braunen Kästen und Rohren wirkt die Landschaft wie aus einem Endzeitfilm, daran können auch die überall im Sommer blühenden Sonnenblumen nichts ändern. Es lohnt sich, am Straßenrand einmal anzuhalten und die paar Meter zum Tagebaurand zu gehen und einen Blick zu riskieren.

Die beste Position zum Fotografieren aber ist zweifelsohne der Aussichtspunkt. Rechts drehen sich die mächtigen Schaufelräder der Bagger und fressen sich in die Landschaft hinein. Über Förderbänder wird das abgetragene Material auf die linke Seite des Tagebaus verfrachtet und hier wieder aufgeschüttet, die großen Maschinen in den Bergehalden sind sogenannte Absetzer, die nur die Aufgabe haben, den im Westen abgebaggerten Sand im Osten wieder hinzuschütten, dies aus großen Höhe, damit er wieder ordentlich fest wird. Hunderte Meter tief unten am Boden erkennen wir das dunkelbraune Braunkohleflöz, das Ziel der bergbaulichen Begierde. Das ist die Braunkohle, die abgebaut wird und in den großen Kraftwerken, die am Horizont gewaltig qualmen, zu Strom verheizt wird.

Skywalk Jackerath

Empfohlene Besuchszeit: Mittags oder später, wenn die Sonne bereits auf die östliche Seite des Tagebaus scheint. Dann liegen die wieder abgesetzten Sedimente im Sonnenlicht und bieten ein prächtiges Farbenspiel in allen nur denkbaren Grau-, Braun- und Orangetönen.

Auf der Kasterstraße nordöstlich von Jackerath fahren wir auf die L241 an der Autobahnmeisterei vorbei, der Skywalk ist hier bereits ausgeschildert. Es erwartet uns ein Aussichtspunkt der Superlative. Wir stehen neben der Abbaufront, je nachdem, wo der Schaufelradbagger gerade arbeitet, ist er fast neben uns. Förderbänder, Bagger, Absetzer, alles ist von hier aus gut sichtbar und wir haben einen guten Einblick in den Arbeitsablauf im Braunkohletagebau.

Samstags finden von hier aus kostenlose Busexkursionen in den Tagebau statt, eine Anmeldung ist nicht notwendig.

Wanderung auf die Sophienhöhe

Lust auf Bewegung? Dann geht es jetzt hinauf auf die Sophienhöhe, die mächtige Abraumhalde im Norden des Tagebaus Hambach.

Vom Skywalk fahren wir auf der A61 in Richtung Bergheim im Süden, verlassen die A61 an der Anschlussstelle Bergheim und fahren auf der B55 auf die unübersehbare Sophienhöhe zu. Bei Bettenhoven verlassen wir die Bundesstraße, biegen nach rechts ab auf die Licher Straße, bald liegt rechts am Hang der Wanderparkplatz »Höller Mühle«. Auch hier stehen überall die riesigen Pumpen zur Absenkung des Grundwasserspiegels. Vom Wanderparkplatz geht es durchaus etwas steiler bergan, wir folgen dem gut ausgeschilderten Weg zum »Höller Horn«, am besten noch etwas weiter zum Römerturm. Das »Höller Horn« ist eine Kuppe

Höller Horn

aus weißem Quarzsand, eigens angeschüttet, um hier eine besondere Flora gedeihen zu lassen. Der Römerturm ist natürlich der Nachbau eines ehemaligen römischen Wachturms, denn die gesamte Sophienhöhe ist erst kürzlich aufgeschüttet worden. Aber früher, in der Zeit als die Römer dieses Land beherrschten, verlief 200 Meter tiefer eine Römerstraße, die Via Agrippinensis, deren Verlauf durch derartige Wachtürme gesichert wurde. Der weithin beste Aussichtspunkt auf der Sophienhöhe ist der Römerturm und wer noch nicht genug gesehen hat, folgt den Wegweisern noch einen Kilometer weiter zum Mammutwald, einem kleinen Wald aus mächtigen Mammutbäumen.

Aussichtspunkt Tagebau Hambach bei Elsdorf

Empfohlene Besuchszeit: nachmittags, weil dann die Sonne gut in den Tagebau leuchtet. Highlight: der Sonnenuntergang von hier aus betrachtet.

Wir fahren einfach Richtung Elsdorf, an der Bundesstraße ist bald der Aussichtspunkt Tagebau Hambach ausgeschildert. Dieser Aussichtspunkt liegt direkt neben den Hängen der Sophienhöhe, hier beobachten wir die Absetzer, wie sie das Material aufschütten, das auf der anderen Seite des Tagebaus abgegraben wird. Optisch reizvoll liegen die verschiedenen Sedimente vielfarbig auf den Hängen.

Forum »Terra Nova« bei Elsdorf

Am Aussichtspunkt *Terra Nova* blicken wir in den Braunkohletagebau Hambach. Wir stehen direkt am tiefsten Loch Europas und sehen 400 Meter hinab auf das dunkelbraune Braunkohleflöz, in dem klein erscheinende Schaufelradbagger die Kohle abgraben. Der Eindruck täuscht aber natürlich, denn die Schaufelradbagger, die hier wie Spielzeug aussehen, sind bis zu 100 Meter hoch. Auf dem Parkplatz ist ein Stück eines gewaltigen Schaufelrades aufgestellt. Diesen Tagebau und das Kohleflöz können die Astronauten sogar aus dem Weltraum gut erkennen.

Am Horizont qualmen die riesigen Kühltürme des Braunkohlekraftwerks Eschweiler, hier wird die Braunkohle verbrannt und zu Strom gemacht. Die mächtigen Wasserpumpen haben wir auf dem Weg hierhin überall gesehen und müssen uns nun vorstellen, dass in der großen Tiefe, in der das Flöz liegt, ein See entstehen würde, denn der Grundwasserspiegel liegt erheblich höher. Am westlichen Horizont erkennen wir die mittlerweile armseligen Reste des Hambacher Forstes, eines einst alten und großen Waldes, der vielleicht bald gänzlich dem Kohleabbau zum Opfer gefallen sein wird. Auch wenn er wohl nicht durch den Abbau verschwindet, so wird er vielleicht vertrocknen, da die Absenkung des Grundwasserspiegels ihm das Wasser abgräbt.

2

Geschichte, zu erzählen bei der Rast:
Der Anfang der Braunkohle

Wie kommt denn eigentlich jemand darauf, mit gewaltigen Schaufelradbaggern 400 Meter unter der Erdoberfläche Braunkohle abzugraben? Die Braunkohle muss doch erst einmal entdeckt werden. Das haben wahrscheinlich schon die Römer erledigt, denn ganz früher schauten die Braunkohleflöze tatsächlich an der Erdoberfläche heraus. Durch tektonische Erdbewegungen im Erdzeitalter Pliozän vor fünf Millionen Jahren wurden die Gesteinsschichten der Niederrheinischen Bucht zerbrochen, verrutschten gegeneinander, manche nach oben, das ergab den Villerücken, andere sanken nach unten. An den Berghängen der Ville schauten bei Brühl auf einmal Braunkohleflöze hervor. Der damals noch hier entlang fließende Rhein wusch sie an seinem Prallhang frei. Dann kamen im ersten Jahrhundert n.Chr. die Römer und bauten eine Wasserleitung nach Köln, Wasser wurde damals aus dem Vorgebirge nach Köln gebracht, die berühmte Eifelwasserleitung wurde erst später erbaut. Bei diesen Arbeiten dürften sie auf Braunkohle gestoßen sein. Allerdings wusste man viele Jahrhunderte nicht so recht, was mit der Braunkohle anzufangen sei, denn sie war feucht und brannte nicht. Aus dem ausgehenden Mittelalter an der Wende zum 16. Jahrhundert sind Dokumente bekannt, die belegen, dass Braunkohle abgebaut, entwässert und zu Klütten gepresst wurde. »Klütten« – Omas und Opas werden sie noch kennen – das waren Briketts aus gepresster Braunkohle, mit denen bis ins vorige Jahrhundert geheizt wurde. Der Kohlenmann brachte Klütten mit dem Lastwagen ans Haus, in Säcken wurden sie in den Keller geschleppt und dann in der Wohnung in den Ofen gelegt. Sehr viele Menschen heizten früher mit Braunkohle. Ölheizung oder

Gasheizungen wurden erst viel später erfunden, Fernheizungen, die Wärme aus einem Kraftwerk bringen, sind eine ausgesprochen komfortable Errungenschaft der jüngsten Zeit. Die Asche aus den Kohleöfen musste herausgefegt und in die Mülltonne geworfen werden, weshalb zumindest auf älteren Mülltonnen noch »Keine heiße Asche einfüllen« geschrieben steht. Denn so manch eine Mülltonne ging in Flammen auf, wenn Glut dort hinein gekippt wurde.

Neben dem Aussichtspunkt gibt es einen großen Abenteuerspielplatz, am Aussichtspunkt selbst stehen Liegestühle aus Metall und etliche Sitzbänke aus Stein. Perfekt für den Familienausflug, die Eltern können gemütlich in der Sonne sitzen und die Kinder toben. Und wenn der Hunger groß wird, gibt es im *Terra Nova* Restaurant vielleicht wieder etwas zu essen, bei Redaktionsschluss war das Restaurant seit längerem geschlossen.

Tomburg und Rheinbacher Wald

3

Auf der Suche nach dem Brunnenschatz

Auf dem Weg zur Tomburg kann man mit Glück auch Krötenlaich entdecken

» Die Burgruine war spitze. Man kann dort klettern und Steine finden. Ein paar Vulkansteine habe ich jetzt zu Hause. Dass die Millionen Jahre alt sind, hat mich total beeindruckt. Auf dem Weg am Bach entlang durch den Wald habe ich mich wie ein Forscher gefühlt, der ein unbekanntes Land entdeckt. Auch der Krötenlaich hat mich fasziniert. Nächstes Jahr will ich bei einer Krötenwanderung helfen und die Tiere sicher auf die andere Straßenseite bringen.«

(Arno, 10 Jahre)

Tomburg und Rheinbacher Wald

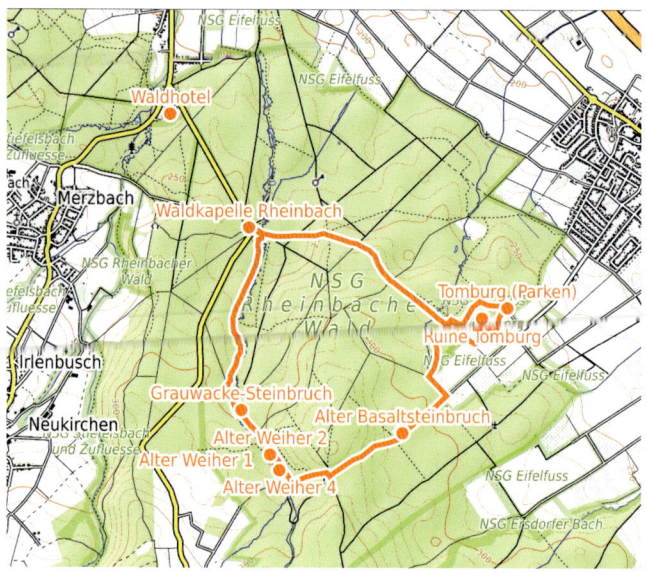

Geeignet für: Kinder ab vier Jahren, keine Kinderwagenstrecke, aber es gibt keine gefährlichen Stellen, es ist nicht besonders anstrengend

Ausgangspunkt: Wanderparkplatz Tomberger Straße in Rheinbach-Wormersdorf

Streckenlänge: 7 Kilometer

Wanderzeit: 3 Stunden

Höhenmeter Anstieg/Abstieg: 130 Meter

Anforderungen: keine besonderen

ÖPNV: Buslinie 749 / 849 bis Wormersdorf Schützenplatz

KFZ-Navi:
Tomberger Straße, 53359 Rheinbach-Wormersdorf

Einkehr: Auf der Tour selbst findet man keine Einkehrmöglichkeit, aber es gibt ein paar Gaststätten in der Nähe, die man zur Stärkung vor der Heimfahrt nach der Wanderung ansteuern kann. Kuchenliebhaber kommen im Scheunencafé in Hilberath auf ihre Kosten. In einem angeschlossenen Hofladen kann man dort auch Käse, Wurst, Kartoffeln, Marmelade und Liköre aus eigener Herstellung oder der Region kaufen. Wer Kinder hat, die es eher herzhaft mögen, kann das Waldhotel Rheinbach in der Nähe der Waldkapelle besuchen. Auf den ersten Blick wirkt das Restaurant Cox für einen Familienbesuch in Wanderklamotten nicht ganz geeignet, aber wer sich dann doch auf die idyllische Terrasse setzt und nach der Kinderkarte fragt, bekommt reichhaltig, sehr lecker und überraschend günstig beispielsweise Spaghetti Bolognese oder Schnitzel serviert. Von Mai bis Oktober ist auch der Bayerische Biergarten im Hotel geöffnet, der mit Wurstsalat, Obazda und Schweinenackensteak den Hunger nach der Wanderung ganz bodenständig zu stillen vermag.

Café in der alten Scheune am Hofladen Sampels, Hilberather Straße 27, 53359 Rheinbach-Hilberath, Telefon: 02226 9090370, *www.scheunencafe.de*

Waldhotel Rheinbach, Ölmühlenweg 99, 53359 Rheinbach, Telefon: 02226 169220, *www.waldhotel-rheinbach.de*

Picknickplätze: Schön rasten kann man natürlich auf der Burgruine selbst. Während Kinder dort auf Mauerresten klettern und den Rest des Burgfrieds erkunden, können die Eltern die Aussicht über die Rheinebene auf das Siebengebirge und die Landskrone im Ahrtal genießen. Eine zweite Rast bietet sich an der Waldkapelle an. Dort stehen auch Bänke. Wer noch einmal rasten möchte, kann das entweder am Ufer der romantischen Teiche tun oder kurz danach in der Schutzhütte im Buchenwald. Dann ist das letzte Stück Weg nur noch ein Klacks.

Attraktionen mit Eintritt: Die Burgruine und die Waldkapelle, beide kostenlos

Empfohlene Ausrüstung: Wer einen genügend großen Rucksack mitnimmt, kann auf der Tour Vulkangestein sammeln.

Was man sammeln und entdecken kann: Aus Gitterkörben am Wegesrand kann man sich Vulkangestein mitnehmen. Wem das nicht zu schwer ist, kann damit zu Hause seine Gesteinssammlung vervollständigen. Wer im Frühjahr unterwegs ist, kann mit etwas Glück Krötenlaich entdecken. Pflanzenfans halten Ausschau nach den seltenen, wärmeliebenden Pflanzen wie zum Beispiel Schwarznessel und Speierling. Und eigentlich schlummert auf der Tour auch ein echter Schatz aus Gold, den allerdings seit vielen hundert Jahren noch niemand zu bergen vermochte. In den Pfützen an der Waldkapelle kann man Wasserfrösche entdecken und fotografieren.

Die mittelalterliche Ritterburg sieht man schon von der Autobahn aus, denn sie thront auf einem freigewitterten Vulkanschlot aus Basalt über einer sonst weitgehend flachen Umgebung. Von der Ruine aus hat man einen tollen Blick über das Rheintal und auf das Siebengebirge. Rings um die Tomburg herum liegt der Rheinbacher Wald. Er besteht überwiegend aus alten Eichen und Buchen und ist ein Naturschutzgebiet. Der gesamte Wald ist ein riesiger Abenteuerspielplatz, auf dem es jede Menge zu entdecken gibt.

Tourbeschreibung

Direkt gegenüber des Parkplatzes liegt ein Feldweg, den wir einschlagen. Die Burgruine ist hier schon ausgeschildert. An einer großen Bank an der Ecke biegen wir nach

Geschichte, zu erzählen bei der Rast:
Die goldene Wiege im Tomberg

Auf der Burg sollen in uralter Zeit ein Graf und eine Gräfin mit ihrem Kind gelebt haben. Das Kind soll so wunderschön gewesen sein und die Liebe der Eltern so groß, dass sie ihm eine goldene Wiege zimmern ließen. Doch noch ehe das Kind ein einziges Mal im goldenen Bettchen liegen konnte, wurde es schwer krank und starb. Die Eltern waren untröstlich vor Kummer, in seiner Not warf der Vater die Wiege in den tiefen Brunnenschacht, um nicht weiter an das Unglück erinnert zu werden. Man erzählt sich, dass die goldene Wiege noch heute im Schacht liege, wer sie nach oben holen wolle, dürfe dabei kein einziges Wort sprechen, könnte dann aber Zeit seines Lebens in Reichtum leben. Bislang hat das noch keiner geschafft.

rechts in den Wald hinein ab. Ein paar hundert Meter windet sich der steile Pfad den Berg hinauf, dann stehen wir vor der Burgruine. Im Zentrum thront die erhaltene Hälfte des Burgfrieds, daneben liegt die andere Hälfte mit der Höhlung nach oben – so, wie Jülicher Söldner sie mit Sprengpulver im Jahr 1437 niederstreckten. Die Mauerreste sind zum Teil von Gestrüpp überwuchert und bilden ein natürliches Klettergerüst im Wald. Erhalten ist auch der Brunnen. Vom Aussichtspunkt hinter der Ruine blicken wir über die Rheinebene auf das Siebengebirge und die Landskrone im Ahrtal, ebenfalls ein Vulkanschlot, genauso alt wie der Tomberg.

Nach Erkundung und Picknick steigen wir denselben Weg wieder hinab, den wir gekommen sind. An der großen Bank biegen wir nach rechts ab und laufen am Waldrand ent-

Geologischer Exkurs:
Tuff und Basalt

Der Tomberg ist etwa 30 bis 45 Millionen Jahre alt. Das Zeitalter, in dem er entstanden ist, nennt man Tertiär. Die Vulkane in der Hocheifel spuckten damals in regelmäßigen Abständen Lava aus. Und auch der Vulkan hier im nördlichsten Ausläufer der Hocheifel, der den Tomberg entstehen ließ, brach zu dieser Zeit aus. Kleine Lavafetzen regneten herab und bildete einen Schlackenkegel, in dessen innerem Schlot später Basaltlava aufstieg, erhärtete und einen festen Kern bildete. Die lockere Schlacke ist längst verwittert und abgetragen, nur noch der Basaltkern steht unverwüstlich in der Landschaft. Im Süden und Osten der Kuppel findet man aber noch ein anderes Gestein: Tuff. Tuff ist verfestigtes vulkanisches Auswurfprodukt verschiedenster Korngröße. Das entsteht, wenn flüssige Lava unter hohem Druck in die Luft geschleudert wird. Dabei wird die Lava zu einer großen Zahl von staubfeinen bis faustgroßen Lavafetzen zerrissen und erstarrt zu Gestein. Das Gestein des Tombergs war für Bauarbeiten im 19. Jahrhundert sehr gefragt. Deshalb wurde der Berg als Steinbruch genutzt. Gerade Straßen, aber auch Häuser in der Umgebung wurden mit seinem Basalt gebaut. Der Ruine selbst wurde damit allerdings langsam, aber sicher der Boden unter den Füßen entzogen. Sie drohte herabzustürzen. Erst 1867 versuchte Julius Peter Bemberg die Abbrucharbeiten zu beenden, indem er die Burgruine kaufte und der Stadt Rheinbach schenkte.

lang. Hier im Naturschutzgebiet Rheinbacher Wald gedeihen etwa 260, teils seltene Pflanzenarten, wer vom Weg abkommt, kann eine wüste Hügellandschaft erkunden mit steilen Hängen, blanken Felsen, alle aus Basalt. An den Pferdeweiden biegen wir nach rechts ab und folgen nun dem Waldweg Richtung Waldkapelle. Sollte es keinen Wegweiser geben, gehen wir einfach geradeaus und überqueren dabei mehrfach breitere Forstwege. Interessanterweise entdecken wir auf dem Boden Rheingerölle. Die deuten allerdings nicht darauf hin, dass das Flussbett einst bis hierher reichte. Sie wurden vielmehr zur Wegbefestigung hier aufgeschüttet. Wir wandern durch Buchenwald, teilweise ist der Boden so feucht, dass Entwässerungsgräben ihn durchziehen. Auf einmal taucht ein Parkplatz vor uns auf, die Waldkapelle liegt auf der gegenüberliegenden Straßenseite.

Wir kehren zurück zum Parkplatz, direkt hinter dem Parkplatz vor dem kleinen Bach biegt ein Pfad nach rechts in den Wald hinein. Diesem wunderschönen Weg folgen wir bis auf weiteres. Ein heftig Schleifen bildender Bach schlängelt sich hier durch einen Mischwald von Buchen und Eichen. Überall in der Bachaue liegen kräftig bemooste Bäume – ein guter Platz, um Entdecker zu spielen, denn an wenigen Orten kann man sich besser vorstellen, man wäre Forscher und auf der Suche nach unbekannten Tieren und Pflanzen wie in diesem urigen Stück Wald. Mitunter wird es sumpfig, aber kleine Holzbretter bilden Stege und uns werden die Füße kaum nass. Einen Wanderweg nach links, der den Bach quert, ignorieren wir. Endlich erreichen wir einen breiten Forstweg, gehen links bis zur Weggabelung. Wir biegen nach rechts ab und folgen dem alten Forstweg. Kurz darauf gibt es rechts weitere Entdeckungen. Am Wegesrand liegen verträumt und romantisch zugewachsen nämlich vier alte Teiche. Im Frühjahr laichen hier Kröten, Frösche und Lurche.

Hundert Meter hinter dem letzten Teich gabelt sich der Forstweg erneut, der Bach fließt durch dicke Rohre unter dem Weg hindurch. Kurz vor der Weggabelung zweigt nach links in den Wald hinauf ein kleiner Weg ab. Wir folgen ihm durch den Buchenwald bis wir an einer Schutzhütte ankommen. Nach links geht von dort der Weg wieder Richtung Tomburg. Wir folgen diesem Weg immer geradeaus und kommen dabei an einem gut einsehbaren Basaltsteinbruch vorbei. Wer hineinguckt, kann links einen schaligen Basalt, rechts bröckeligen Tuff erkennen. Daraus können wir schließen, dass auch hier einst Lava bis kurz unter die Erdoberfläche nach oben gedrungen war. Sobald wir die Pferdeweiden erreichen, biegen wir zuvor links ab. Hinter den Weiden nehmen wir dann den kleinen Pfad nach rechts. Dann geht es noch einmal rechts und schließlich direkt vor dem Tomburghügel wieder links und wir stehen sehr bald wieder am Ausgangspunkt.

3

Geschichte, zu erzählen bei der Rast:
So entstehen Kröten-Babys

Wenn Kröten aus ihrer Winterstarre erwachen, suchen sie den Ort auf, an dem sie sich selbst von der Kaulquappe zur Kröte entwickelt haben. Man nennt das Krötenwanderung. Viele Kröten überleben diesen Weg nicht, weil sie dabei heute oft Straßen überqueren müssen. Es gibt deshalb Umweltschützer, zum Beispiel vom Naturschutzbund, die den Kröten über die Straße helfen. Sie stellen Zäune an den Straßen auf, damit die Kröten nicht drüber können und vergraben entlang der Zäune in regelmäßigen Abständen Eimer in der Erde. Die Kröten, die einen Weg über die Straße suchen, fallen dabei in einen der Eimer und werden dann von Tierschützern über die Straße getragen. Am richtigen Teich angekommen, suchen die Männchen sich ein Weibchen. Oft nimmt das Weibchen das Männchen Huckepack und sucht sich einen geeigneten Platz, um ihre Eier (den Laich) abzulegen. Die Männchen verteilen dann sofort ihre Spermien darüber und befruchten die Eier so. Naturdetektive können versuchen, den Laich im Gewässer zu entdecken. Froschlaich schwimmt dick und glibberig an der Wasseroberfläche und erinnert ein bisschen an Wackelpudding, Krötenlaich zieht sich in langen Schnüren durch das Wasser. Spannend ist übrigens auch: Amphibien wie die Kröten und Frösche machen nach ihrer Geburt eine Metamorphose durch. Das heißt, sie verwandeln sich von einem Wassertier in ein Landtier. Erst sind Frösche und Kröten nämlich schwimmende Kaulquappen mit Schwanz und Kiemen. Erst später wachsen ihnen Beine und die Lunge entwickelt sich immer mehr, so dass sie schließlich für ein Leben an Land bestens gerüstet sind und das Wasser verlassen.

Drachenfels

4

Ausflug in Siegfrieds märchenhaftes Land

Auf der Suche nach Drachen und anderen Untieren

» Die Aussicht auf den Rhein war der Hammer. Und auch die Schildkröten im Reptilienzoo habe ich gerne angeguckt. Ich finde, da im Gehege sah es sehr gemütlich für die aus. Aber am allerbesten fand ich die Burgruine. Da oben konnte man sich selbst fast wie ein Ritter fühlen.«

(Arno, 10 Jahre)

Drachenfels

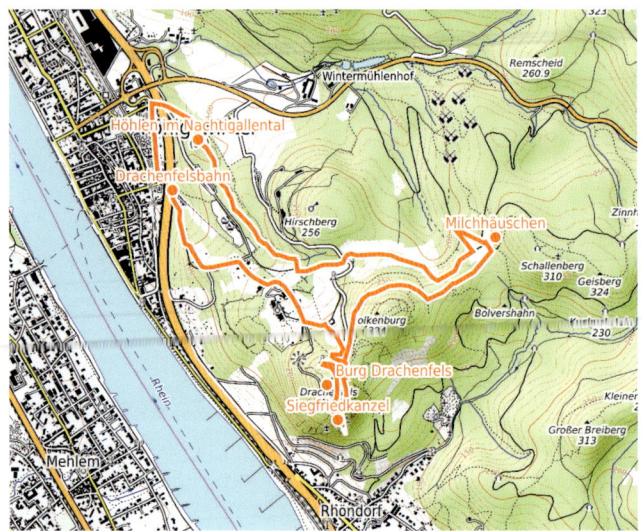

Geeignet für: Alle. Zwar ist der angegebene Weg zu großen Teilen ein Waldweg und nicht in allen Teilen kinderwagengeeignet, aber theoretisch kann man es auch mit dem Rollstuhl oder Rollator hoch auf den Drachenfels schaffen. Also: Babys, Opa und Schwiegermutter – alle können mit!

Ausgangspunkt: Station der Drachenfelsbahn in Königswinter

Streckenlänge: 8 Kilometer
Wanderzeit: 3–4 Stunden

Höhenmeter Anstieg/Abstieg: 490 Meter

Anforderungen: Zu Fuss den Drachenfels erklimmen, macht die Tour etwas anstrengender, wer das vermeiden will, nimmt die historische Zahnradbahn. Dann ist die Tour leicht.

ÖPNV: Vom Bahnhof Königswinter sind es zu Fuß zur Drachenfelsbahn etwa 300 Meter.

KFZ-Navi: Drachenfelsstraße 53, 53639 Königswinter

Einkehr: Das Drachenfels-Restaurant besticht durch seine ungewöhnliche Bauweise: Sitzen kann man in einem lichtdurchfluteten Glaskubus. Wer sehr früh unterwegs ist, kann dort gleich frühstücken. Das Buffet inklusive Kaffee, Saft und Wasser kostet 19,50 Euro pro Person. Man kann aber auch einfach nur eine Cola trinken oder einen Kuchen essen. Auf dem Plateau gibt es einen großen Biergarten, auch mit gemütlichen Sofas – ideal an sonnigen Tagen. *reservierung@der-drachenfels.de*

Das Milchhäuschen bietet deftige Hausmannskost in uriger Atmosphäre. Früher soll das Milchhäuschen mal Teil des Burghofes gewesen sein, welcher der Wolkenburg und der Burg Drachenfels als Ort zur Milch- und Schweinewirtschaft diente. Bestellen kann man heute alles vom deftigen Linseneintopf über Wander-Jausen bis hin zu Salaten, Pfannkuchen und Waffeln. Gemütliche Sonnenterrasse *www.milchhaeuschen.de*

Picknickplätze: Wer picknicken will, der sollte das auf dem Drachenfels tun – egal ob auf dem Plateau, auf der Ruine oder auf der Siegfriedkanzel. Das Panorama über das Rheintal ist einfach unübertroffen.

Drachenfels

Attraktionen mit Eintritt:

Nibelungenhalle mit Reptilienzoo: Hier gibt es Kunstwerke zu sehen, die Wagners Ring der Nibelungen nacherzählen. Außerdem entdecken die Besucher mehr als 100 verschiedene Schlangen, Schildkröten und Vogelspinnen und andere Reptilien und Insekten aus Nord- und Südamerika, Australien, Indien, Indonesien, Afrika, Madagaskar und Papua Neuguinea. Höhepunkt für Kinder ist aber vielleicht die Drachenhöhle, in der Fafnir wacht, gegen den der Sage nach an dieser Stelle der Ritter Siegfried gekämpft hat. Ein halbdunkler Gang führt uns zu einem grünlichen Weiher, an dem das 13 Meter lange Ungeheuer liegt. Auf dem Weg durch den Felsen kann man sich wie Siegfried auf dem Weg zum Kampf fühlen. Erwachsene zahlen sechs Euro, Kinder vier, Jugendliche fünf Euro Eintritt. *www.nibelungenhalle.de*

Drachenfelsbahn: Wer nach der Wanderung nochmal alles gemütlich nachfahren will, steigt ein in die 135 Jahre alte Drachenfelsbahn. Erwachsene zahlen zehn Euro, Kinder 5,50 Euro, pro Kinderwagen oder Hund wird ein zusätzlicher Euro berechnet. *www.drachenfelsbahn.de*

Empfohlene Ausrüstung: Wanderschuhe oder Turnschuhe, Fernglas, um einen noch besserem Blick vom Drachenfels auf das Rheintal zu haben.

Was man sammeln und entdecken kann: Auf jeden Fall kann man einige Tierarten im Reptilienzoo entdecken. Angucken lassen sich auch Fossilien von Tieren, die vor knapp 400 Millionen Jahren in der Gegend auf dem Meeresgrund lebten. Nach Hause mitnehmen kann man je ein Steinchen Normaltuff, das man hinter dem Milchhäuschen aufsammeln kann, und ein Steinchen Höllentuff aus dem Nachtigallental. Zu Hause kann man die beiden Fundstücke dann auf Unterschiede hin untersuchen. In jedem Fall lohnt es sich, am Drachenfels nach dem typischen Gestein, dem Trachyt mit seinen zentimetergroßen Sanidinkristallen zu suchen. Etwas Abgebrochenes liegt immer herum, in den Felsen zu hämmern ist verboten, der Drachenfels steht unter Naturschutz. Dieses Gestein finden wir später in vielen rheinischen Kirchen als Baumaterial wieder.

Drachenfels

Wer denkt, das Ziel Drachenfels sei ein bisschen abgenudelt und zu langweilig für eine geologische Abenteuertour, täuscht sich. Wir sind auch mit wenig Erwartungen aufgebrochen, dann aber mit großer Begeisterung zurückgekehrt. Die Aussicht auf das Rheintal ist atemberaubend, Technikfreaks kommen bei der Fahrt mit der alten Zahnradbahn auf ihre Kosten und natürlich ist der Drachenfels ein sagenumwobener Ort. Und deshalb ist eine Wanderung auf dem Drachenfels eigentlich auch ein Ausflug in ein märchenhaftes, weit entferntes Land.

Tourbeschreibung

Man könnte, wenn man da so an der Talstation der Drachenfelsbahn angekommen ist, in die Verlegenheit geraten, sich gleich ein Ticket zu kaufen und nach oben zu tuckern. Und wenn man einen gehfaulen Teenager oder einen etwas eingerosteten Senior dabei hat, kann man natürlich auch einsteigen – eine Fahrt mit der Zahnradbahn ist ein technikmuseumsreifes Erlebnis. Aber wer einigermaßen gut zu Fuß ist, sollte der Versuchung dennoch widerstehen und erst am Ende der Wanderung im Sonnenuntergang nochmal nach oben und wieder nach unten fahren. Und zunächst den Drachenfels zu Fuß erklimmen. So, wie das die Ritter früher auch getan haben.

Wir gehen rechts an der Station vorbei, folgen oben rechts den Wegweisern zum Drachenfels. Der Weg ist prima ausgeschildert. Auf halber Höhe passieren wir die Nibelungenhalle mit Reptilienzoo und Drachenhöhle, in der der Drache Fafnir für Angst und Schrecken sorgt, kurz darauf entdecken wir rechts das Winzerhäuschen, ein Weinlokal im

Geologischer Exkurs: **Trachyt**

Der Drachenfels besteht aus dem vulkanischen Gestein Trachyt. Vor 25 Millionen Jahren drang aus dem Erdinnern Magma bis kurz unter die Erdoberfläche empor, trat aber nicht als Vulkan aus, sondern erstarrte als Quellkuppe unterhalb der Erdoberfläche. Der Trachyt schaffte es Millionen Jahre später als Hauptbaugestein des Kölner Doms zu besonderer Berühmtheit. Von der Grundsteinlegung 1248 bis zum Ende der mittelalterlichen Bautätigkeit im Jahr 1560 wurde am Dom im sichtbaren Bereich fast ausschließlich Trachyt vom Drachenfels verwendet. Man konnte den Stein gut zu Quadern hauen und die Oberfläche ließ sich prima schleifen, was für ein zentimetergenaues Arbeiten sehr wichtig war. Ein weiterer entscheidender Vorteil: der Drachenfels lag nahe am Rhein und man konnte man die Steine einigermaßen leicht bis nach Köln transportieren. Die Arbeiter trugen den Stein ab und schleiften ihn auf einer Art Rutsche den Hang hinab bis zum Rhein, wo er auf Schiffe verladen wurde. Den entscheidenden Nachteil des Trachyts bemerkte man erst später: er zerfällt bei Verwitterung zu einer mürben körnigen Masse. So bröckelt der ganze Chor im Dom sehr stark, das Strebewerk musste deshalb schon vollständig ausgetauscht werden. An einigen geschützten Stellen kann man den Trachyt, der im Mittelalter vom Drachenfels abgebaut wurde, aber auch heute noch im Kölner Dom bestaunen: Im Inneren oder an den großen Fenstern oder einigen glatten Flächen des Außenbaus. Herrliche freigewitterte Sanidinkristalle im Trachyt entdeckt man auch rund um den Haupteingang der Kölner Kirche Groß Sankt Martin.

Geschichte, zu erzählen bei der Rast:
Siegfrieds Kampf mit dem Drachen

Einst lebte hier am Rhein – so erzählt man sich – der gefürchtete Drache Fafnir. Er bewachte einen unermesslich wertvollen Schatz. Den Schatz der Nibelungen. Alle hatten Angst vor ihm. Nur der junge Siegfried war bereit, sich ihm zu stellen und machte sich damit beinahe unbe-

4

siegbar. Und das kam so: Auf der Burg Xanten am Rhein lebten Siegmund und Sieglinde mit ihrem Sohn Siegfried. Der Junge war in jeder Hinsicht außergewöhnlich. Er hatte schon als Kind unglaublich viel Kraft in den Armen und ebenso viel Mut in der Seele. Er hatte nur einen Wunsch: Endlich hinaus in die Welt gehen und sich im Kampf beweisen. Und so haute er eines Morgens auf der Suche nach dem Abenteuer von zu Hause ab. Er gelangte am Fuß des Drachenfelsen in einen dunklen Wald, schlug sich durch das Dickicht und gelangte zu einer Höhle, in der ein Schmied lebte und arbeitete. Er ging dort zur Lehre und bald hämmerte er mit solcher Kraft, dass Funken sprühten und der Amboss in den Boden fuhr. Selbst die stärkste Eisenstange musste sich seiner Kraft ergeben und so schmiedete er ein Schwert, das ihn unbesiegbar machen sollte. Mit dem Schwert machte sich Siegfried auf zur Höhle des Drachen Fafnir. Bald schon hörte er sein schreckliches Brüllen und spürte kurz darauf den heißen Atem des Ungeheuers. Doch Siegfried ließ sich nicht beirren und kämpfte mutig. Mit einem beherzten Hieb schlug er dem Drachen den Kopf ab. Während er sich vom Kampf erholte, glaubte er einen Vogel zu hören, der ihm prophezeite: Wer im Blut des Drachens badet, macht sich unbesiegbar. Siegfried zog sich also aus und badete im Blut des Drachens und glaubte so, unbesiegbar geworden zu sein. Dem war auch so. Allerdings passierte ihm ein kleines Missgeschick: Von einem Lindenbaum fiel ein Blatt auf seine rechte Schulter. So war Siegfried zwar fast am ganzen Körper unverwundbar, nicht aber an der Stelle, an der das Blatt gelegen hatte. Das war sein Pech. Durch einen Verrat starb Siegfried später schließlich, weil ein Gegner ihm genau an dieser Stelle einen Speer in den Körper trieb.

schmucken alten Fachwerkhaus. Gleich danach erreichen wir die Mittelstation der Drachenfelsbahn.

Von dort geht es rechts an der Trasse der Zahnradbahn vorbei auf dem Eselsweg bergauf. Lange Zeit war der Eselsweg immer mal wieder gesperrt, weil sich vom Drachenfels Gesteinsbrocken lösten. Nach umfangreichen Sicherungsmaßnahmen am ganzen Drachenfels wurde der Weg aber im Frühjahr 2020 wieder frei gegeben.

Kurz darauf erreichen wir das Drachenfelsplateau – und genießen die atemberaubende Aussicht. Jede Tages- und Jahreszeit hier oben hat ihren eigenen Reiz. Im Herbst ragt der Drachenfels manchmal märchenhaft aus dem Nebel auf, an einem Sommerabend schimmert der Rhein weit unten wie eine goldene Schlange, die sich durch das Rheintal Richtung Nordsee windet. Natürlich müssen wir noch das steile Stück zur Burgruine hoch. Von dort oben reicht der Blick noch weiter: Über den Meerberg, die Wolkenburg, die gesamte Eifel und das Drachenfelser Ländchen, die Ville und natürlich bis Köln und Bonn.

Wir wandern wieder hinab aufs Plateau, das mit Grauwacke-Platten gepflastert ist. Wer genau hinsieht, kann dort am Boden ein weiteres Zeugnis der Erdgeschichte entdecken: Crinoidenstielglieder. Crinoiden sind Seelilien, mit den Seesternen verwandte Tiere, die aber wie Pflanzen aussahen und vor 400 bis 350 Millionen Jahren auf dem Meeresboden lebten, wo sich heute das Oberbergische Land nach oben gefaltet hat. In den Platten sehen wir die Abdrücke dieser Urzeittiere (Die Grauwacke kommt übrigens aus den Steinbrüchen von Lindlar, die wir auf Exkursion 6 kennen lernen).

Dem Drachenfels-Restaurant gegenüber führt hinter einem Geländer eine Treppe hinunter, wir schlagen uns durchs Gebüsch, der Wegweiser versichert uns aber, dass wir hier auf dem Wanderweg »Rheinsteig« und damit richtig sind. Wir folgen dem Weg bis zu einem Aussichtspunkt, der Siegfriedkanzel. Von hier haben wir einen super Blick auf den Rhein, den Siegfriedfelsen und das Weingut Pieper. Die Felsen, an denen diese Aussichtskanzel klebt, sind gespickt mit Sanidinkristallen.

Wir verlassen die Aussichtskanzel, folgen dem Rheinsteig, nach der nächsten Aussicht gabelt sich der Weg. Wir halten uns links und erreichen einen Platz mit einer Infotafel. Vor uns liegt die Wolkenburg, einer der großen Gipfel des Siebengebirges. Auch hier thronte mal eine mächtige Burganlage, die allerdings komplett dem Gesteinsabbau zum Opfer gefallen ist. Der gesamte Berg ist durch den Abbau der Steine heute etwa 30 Meter niedriger als früher. Wir folgen dem Wegweiser Richtung Milchhäuschen und sehen nach wenigen Metern rechts einen kleinen Steinbruch.

Geschichte, zu erzählen bei der Rast:
Der Angeber von Schloss Drachenburg

Stephan von Sarter war eigentlich kein reicher Mann. Im Gegenteil. Er stammte aus kleinbürgerlichen Verhältnissen. Umso stolzer war er, als der vor knapp 190 Jahren in Bonn gebürtige Finanzfachmann an der Pariser Börse einen kometenhaften Aufstieg hinlegte und mit Spekulationen einen ganzen Haufen Geld machte. Er ließ sich gleich in den Freiherrenstand erheben und kam auf den Gedanken, sich in der Heimat eine standesgemäße Wohnstätte zu errichten: Die Idee von Schloss Drachenburg war geboren. Innerhalb von drei Jahren ließ er sich für 1,8 Millionen Goldmark das Schloss bauen und zeigte damit seinen früheren Freunden und Verwandten im gesamten Umkreis, dass der ärmliche Stephan von früher es richtig zu etwas gebracht hatte. Die traurige Seite der Geschichte: Stephan von Sarter selbst hatte eigentlich nie etwas von seinem Prunkbau. Er lebte in Paris, wo er 1903 kinderlos starb, und bewohnte das Schloss nie.

Nach 20 Minuten erreichen wir das Milchhäuschen, eine ideale Gelegenheit zur Pause. Hier ist es herrlich ruhig – nur Wanderer können hier Rast machen, eine Straße und ein großer Ausflugsparkplatz für Autos fehlen nämlich. Danach geht es links am Milchhäuschen vorbei, wir folgen dem Wegweiser Richtung Geisberg und achten rechts des Weges auf die weißen Hänge: Das ist Tuff, ein Stein, der nach den gewaltigen Vulkanausbrüchen in der ersten Phase des Siebengebirgsvulkanismus, einst das gesamte Siebengebirge bedeckte. Wer das Material ein bisschen untersucht, merkt schnell, dass der Tuff zum Bau einer Kathedrale wie der Dom es ist, keineswegs geeignet gewesen wäre: Tuff verwittert nämlich zu scheinbar weißem Pulver, der hier an einigen Stellen wie Sand an der Oberfläche liegt.

Unser Weg führt uns weiter Richtung Geisberg. Wir folgen dem Rheinsteig ein Stück und biegen dann in einen schmalen Pfad rechts aufwärts ab, der uns zu einem Pavillon als Aussichtspunkt führt. Wir folgen dem Pfad zum Schmallenberg-Gipfel und von dort zum Geisberg. Beide Berge bestehen aus dem gleichen Trachyt wie der Drachenfels.

Wir steigen ab, halten uns links und folgen dem Weg zurück zum Milchhäuschen, dort vorbei halten wir uns an den Wegweiser Richtung »Nachtigallental«. Ist schließlich links oberhalb des Weges Schloss Drachenburg zu sehen, biegen wir rechts ins Nachtigallental ab. Hier erwartet uns ein lieblicher Ort mit viel Vogelgezwitscher, der im Sommer angenehme Kühle verspricht, aber aus einem Gestein gemacht ist, das direkt aus der Fabrik des Teufels zu kommen scheint: dem Höllentuff. Apropos Hölle und unterirdisch: Hinter dem Ostermanndenkmal und an zwei weiteren Stellen dort in der Nähe finden sich die Eingänge zu

Drachenfels

kleinen Höhlen. Nur ein paar Meter tief sind sie, aber ohne Lampe gehört schon etwas Mut dazu, sich in die Finsternis hinein zu wagen.

Hinter dem Ostermann-Denkmal erreichen wir einen Altar, dahinter führt rechts der Weg in die sogenannte »Hölle«, einen Hohlweg mit bis zu 20 Meter hohen steilen Wänden aus Höllentuff. Im Bachbett können wir mit etwas Glück Zeugnisse des urzeitlichen Meeres entdecken: Schiefergestein vom Grundgebirge, auf dem der Tuff hier aufliegt.

Am Ende des Tals halten wir uns links und biegen direkt wieder links in die nächste Straße ab. Dann sehen wir auch schon bald die Talstation der Drachenfelsbahn, in die wir nun zur Belohnung einsteigen und den Weg hinauf nochmal in aller Gemütlichkeit und sitzend wiederholen können.

Geologischer Exkurs:
Höllentuff

Das Gestein Tuff entstand, als die Vulkane im Siebengebirge ausbrachen. Die vulkanische Asche wurde in den Himmel geschossen und regnete herab oder fegte als heiße Glutwolke vom Kraterrand über das ganze umliegende Land. Dieser Tuff ist hell, fast weiß und heute noch erkennt man an vielen Stellen seine ordentliche Schichtung. Hier im Nachtigallental sehen wir eine ganz andere Art von Tuff: Den Höllentuff. Der ist im Gegensatz zu seinem hellen Bruder, dem Tuff, völlig durcheinander und unsortiert. Kein Wunder, schließlich entstand er, als heftige Unwetter und Regengüsse das lockere vulkanische Tuff-Material die Hänge hinabspülten. Dabei vermischte sich der Schlammstrom bunt und wild mit anderen Gesteinen und lagerte sich direkt auf dem 400 Millionen alten Grundgebirge ab.

Goldwaschen im Rhein

5

Auf der Suche nach dem Rheingold

Am Flussufer können wir tatsächlich nach Edelmetall schürfen

» Goldwaschen macht großen Spaß. Vor allem war ich richtig baff, als ich die ersten Flimmer fand: Ich hätte wirklich nicht erwartet, echtes Gold zu finden.«

(Max, 10 Jahre)

Geeignet für: jedermann

Ausgangspunkt: nahezu überall am Rheinufer

Streckenlänge: meist recht kurz

Höhenmeter Anstieg/Abstieg: 2 Meter

Anforderungen: leicht

Picknickplätze: überall am Rheinufer

Empfohlene Ausrüstung: Goldwaschpfanne, Kiessieb mit 3–4 Millimeter Lochgröße, kleine Schaufel, Pipettenflasche, kleiner Eimer

Goldwaschpfannen und andere Ausrüstung für Geologen gibt es beim Rheinischen Mineralienkontor Dr.F.Krantz in Bonn, dem ältesten geologischen Warenhaus weltweit. *www.krantz-online.de*

Naturschutzgebiete beachten: in FFH-Gebieten (Fauna-Flora-Habitat) ist das Goldwaschen streng verboten. Ob der entsprechende Uferabschnitt in einem FFH-Gebiet liegt, lässt sich in dieser Online-Karte überprüfen *https://geodienste.bfn.de/schutzgebiete*

Es gibt Gold im Rhein und jeder kann es finden! Dazu brauchen wir nur ein paar geologische Grundkenntnisse und dann vor allem Ausdauer bei der Suche. Wie in den alten Wildwestfilmen, die am legendären Clondike River in Alaska spielen, stehen wir wie die Trapper im Rhein und waschen mit unseren Goldwaschpfannen das Gold aus dem Sand. Es ist nicht genug Gold zum Reichwerden da, aber ein Abenteuer wie aus vergangenen Zeiten können wir erleben.

Tourbeschreibung

Natürlich liegt nicht überall Gold am Rheinufer herum, vor allem aber ist es nicht auf den ersten Blick zu erkennen. Wäre es anders, gäbe es goldene Strände, überall würde es glitzern. Die Sache ist komplizierter. Die Goldmenge ist gering und die Goldflitter sehr klein. Während die Trapper in Alaska Goldnuggets fanden, die oft etliche Millimeter oder gar Zentimeter groß waren, entdecken wir am Rhein nur Goldflitterchen, also kleine, einen Millimeter große Goldplättchen.

Wir müssen uns zunächst auf die Suche nach einer geeigneten Goldlagerstätte machen. Deshalb ist für diese Tour auch keine exakte Route angegeben, es sind keine genauen Fundstellen zu benennen. Die Anreicherungen von Gold im Rheinsand ändern sich mit jedem Hochwasser und müssen dann neu erforscht werden. Das heißt, wir müssen uns zur Goldsuche auf den Weg machen und explorieren, also Fundstellen suchen. Sicherlich ist das etwas komplizierter, als mit einer Landkarte loszugehen, auf der die Fundstelle genau verzeichnet ist. Dafür besteht aber auch die Chance, eine Goldseife zu finden, die zuvor noch niemand entdeckt

Goldwaschen im Rhein

Geschichte, zu erzählen bei der Rast:

Früher, als im Fernsehen noch Wildwestfilme liefen und die meist gelesenen Abenteuerromane die Geschichten von Karl May waren, begegneten uns Goldsucher häufiger. Trapper zogen mit beladenen Packpferden hinaus in die einsamen Weiten Nordamerikas, insbesondere nach Alaska und Kanada. Dort lebten sie monatelang in der Einöde, jagten Tiere, um Pelze zu erbeuten und standen in den Bächen und wuschen mit ihren Pfannen das Gold aus den Sedimenten. Kamen diese Goldsucher, die auch Digger oder Stampeders genannt wurden, erfolgreich in die nächste Stadt zurück, sprach sich ihr Erfolg oft schnell herum und immer mehr Leute zogen los, um dort Gold zu suchen, manchmal kam es zu einem echten Goldrausch. Legendär ist der Goldrausch am Clondike-River in Alaska in den Jahren nach 1896.

Auch im belgischen Hohen Venn witterten die Menschen Anfang des 20. Jahrhunderts ihre Chance auf den schnellen Goldreichtum. Zwar hatten schon die Kelten im Raum Montenau, Malmedy und im Ameltal nach Gold gegraben und vermutlich etliche Kilogramm Gold aus dem Boden geholt. Trotzdem wurden zwischen 1900 und 1910 Konzessionen für 43 Goldbergwerke vergeben, zahlreiche Menschen zogen in die Region, um Gold zu waschen, werden aber wohl keine großen Mengen gefunden haben. Heute ist aus Naturschutzgründen das Goldwaschen in Belgien verboten.

hat. Mal ehrlich, wann macht man heute noch echte Entdeckungen?

Um Goldseifen zu finden, müssen wir zunächst einmal über die physikalischen Eigenschaften des Goldes Bescheid wissen. Als Goldseife bezeichnen die Geologen eine Anreicherung von Gold im Sediment eines fließenden Gewässers, einem Bach oder Fluss.

Flitter sind winzige, dünne Blättchen. Durch die Bewegung der Rheinschotter werden kleine Goldkörnchen so dünn ausgewalzt, dass sie unter dem Mikroskop grünlich aussehen können. Mit bloßem Auge sind die Goldflitter im Sand des Rheins nicht zu entdecken, es bedarf besonderer Methoden. In unserem Fall heißt die Methode »Gold waschen«.

Wo aber wäscht man Gold? Welche Sedimente kommen in Frage? Schließlich ist der Rhein lang und an seinen Ufern liegen endlose Sedimentmassen.

Schwermineralien wie Gold bleiben im Fluss an bestimmten Stellen liegen, nämlich dort, wo die Fließgeschwindigkeit des Wassers zu gering ist, als dass sie weiter transportiert werden können. Leichtere Sedimentkörnchen – wie etwa die von Quarzsand – werden weggespült. Neben dem Gold, das doch eher selten ist, finden sich in den Sedimenten des Rheins auch schwarze Magnetitkörnchen, Magnetit ist ein Eisenoxid (Fe_3O_4), hat die Dichte von 5,2 und ist damit spezifisch viel schwerer als die leichten Quarzsandkörnchen. Da Gold noch schwerer ist (Dichte 19,3), aber eben mit dem bloßen Auge nicht zu erkennen, sollten wir zunächst nach schwarzem Magnetit suchen. An Stellen, an welchen der Fluss nicht genug Kraft hatte, den Magnetit mitzunehmen, könnte auch das noch schwerere Gold liegen. Aber Vorsicht, schwarzer Sand kann auch Steinkohle oder Holzkohle sein. Magnetit ist dagegen magnetisch.

Aus dem Umstand, dass die Ablagerung der Schwermetalle von der Fließgeschwindigkeit des Wassers abhängig ist, ergibt sich dann auch, dass die goldhaltigen Ablagerungen wieder wegtransportiert werden können, wenn der Rhein wieder mehr Wasser führt. Wir können nicht sagen, an einer gewissen Stelle gibt es immer Gold, wir müssen immer wieder neu nach schwarzen Magnetit-Sanden suchen.

In einem Bach oder Fluss fließt das Wasser in der Innenkurve langsamer als in der Außenkurve. Goldanreicherungen finden sich deshalb oft in den Innenbiegungen der Flüsse, da hilft uns bei der Vorbereitung unserer Explorationstour schon eine Landkarte oder ein Blick auf Google Earth. Wir besuchen dann die Innenkurven des Rheins und wandern hier am Ufer entlang. Interessant sind natürlich nur die unbefestigten Uferpartien, an denen sich Kiese und vor allem Sande abgelagert haben. Hier suchen wir nach Stellen mit schwarzem Sand, sogenannten »black sands«. Oftmals eignen sich mit Büschen und Gräsern bewachsene Bereiche am Ufer als Ablagerungsorte für solche Sande.

Was wir nicht verschweigen wollen: es ist eine Frage der Ausdauer. Wer Gold finden will, muss des Öfteren am Rheinufer entlang gehen. Bei der Suche nach Goldsanden halten wir aber auch nach anderen Schätzen Ausschau, wie sie in der Exkursion 1 in diesem Buch beschrieben sind.

Geologischer Exkurs:
Entstehung des Rheingoldes

Rheingold ist eine Anreicherung von Gold im Sediment, das sich in einem Lockergestein abgelagert hat. Die primären Goldlagerstätten, das heißt die goldführenden Quarzgänge in den Bergen verwittern, das Verwitterungsmaterial wird von Flüssen abtransportiert. Gold ist ein Schwermetall und lagert sich zusammen mit anderen Schwermetallen, zum Beispiel schwarzem Magnetitsand, an bestimmten Stellen in Flüssen ab. Bei geeigneter Fließgeschwindigkeit des Gewässers bleiben die Schwermetalle liegen, die leichteren Sedimentpartikel wie Quarzkörner werden weitergetragen. So entsteht eine »Seife« genannte Anreicherung der Schwermetalle, sie enthält auch Gold. Eine solche uralte Seifenlagerstätte ist das Witwatersrand-Vorkommen in Südafrika, wohl die größte Goldlagerstätte der Erde. Auch die legendären Goldvorkommen Nordamerikas, die zu den Zeiten des Goldrausches tausende Goldsucher an den Yukon und den Klondike lockten, sind solche Seifenlagerstätten. Auf gleiche Art und Weise entstehen auch die Goldlagerstätten am Rhein – leider ist der Goldanteil nicht derart groß. Auch der heute fließende Rhein führt diverse Schwermetalle mit sich, die sich an geeigneten Stellen anreichern, darin sind Goldflitter enthalten.

Steinhauerpfad bei Lindlar

6

Von Staublunge und Grauwacke

Ein uralter Stein hat den Ort Lindlar weltweit bekannt gemacht

》 Ich fand die großen Steine toll, auf denen wir Picknick gemacht haben.«

(Annika, 7 Jahre)

》 Besonders schön war dieses grüne Wasser im Steinbruch, in den wir von oben hineingucken konnten.«

(Paula, 7 Jahre)

Steinhauerpfad bei Lindlar

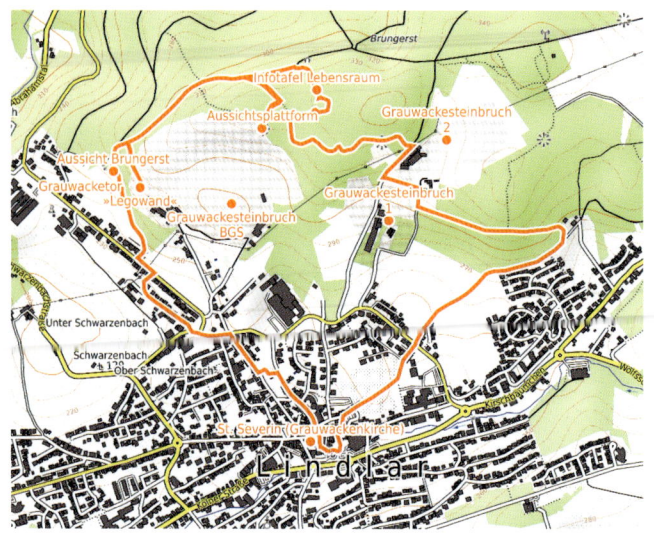

Geeignet für: Kinder ab vier Jahren, keine Kinderwagenstrecke, aber relativ kurz, der Weg führt gemütlich durch Wald und Wohngebiet

Ausgangspunkt: Marktplatz Lindlar

Streckenlänge: 6,2 Kilometer
Wanderzeit: 2,5 Stunden

Höhenmeter Anstieg/Abstieg: 110 Meter

Anforderungen: keine besonderen

ÖPNV: Vom Kölner Hauptbahnhof mit dem Bus SB 40 bis zum Lindlarer Busbahnhof

KFZ-Navi: Dr.-Meinerzhagen-Straße 10, 51789 Lindlar

Einkehr: Auf der Tour selbst gibt es keine Einkehrmöglichkeit, aber anschließend bietet sich zum Beispiel ein Besuch der örtlichen Eisdiele an. Außerdem kann man nach der Tour im Hotel »Zum Holländer« essen. Dort gibt es zum Beispiel Schnitzel, Mettwurst oder Cheeseburger. Die »Tenne« im nahe gelegenen Ortsteil Vossbruch bietet Süßes und Herzhaftes eine Spur rustikaler.
www.hotel-zum-hollaender.de
www.tenne-vossbruch.de

Picknickplätze: Bevor wir auf den Stichpfad zum ersten »Blick in den Steinbruch« einbiegen, kommen wir an einem großen Felsen vorbei, der sich hervorragend als Picknickfläche anbietet. Er ist im Wald an einer Lichtung gelegen, so dass auch ein bisschen Sonne hereinscheint.

Attraktionen mit Eintritt:

Das LVR-Freilichtmuseum in Lindlar: Hier kann man eindrucksvoll erleben, wie die Menschen vor etwa hundert Jahren im Bergischen Land gelebt haben. Dargestellt wird vor allem die bäuerliche Arbeit und das Handwerk der damaligen Zeit. Spannende Zeitreise mit individuellen Geschichten und Vorführungen. Erwachsene zahlen sechs Euro, Kinder und Jugendliche haben freien Eintritt.
www.freilichtmuseum-lindlar.lvr.de

2T Kletter- und Boulderhalle: Die Halle bietet Kletterkurse für Anfänger und Fortgeschrittene, eine Anmeldung ist nötig. Erwachsene zahlen 13 Euro, Jugendliche neun Euro,

Kinder 7,50, Kleinkinder bis fünf Jahren sind in Verbindung mit einem Erwachsenen frei.
www.2tklettern.de

Empfohlene Ausrüstung: Bei trockener Witterung reichen Turnschuhe. Allerdings verschlammt der Weg bei Regen schnell und lange, deshalb empfiehlt sich zumindest nach feuchten Tagen oder im Herbst, Wanderschuhe anzuziehen. Eventuell einen Hammer, um Steine auf der Suche nach Fossilien aufzuschlagen.

Was man sammeln und entdecken kann: Hier im Bergischen hat man die Chance, Fossilien zu entdecken. Besonders häufig stößt man auf Seelilienstielglieder.

Vor 390 Millionen Jahren sah es im Bergischen Land noch ganz anders aus als heute. Genaugenommen handelte es sich gar nicht um »Land«, denn in der Gegend von Lindlar breitete sich ein riesiges, aber flaches tropisches Meer mit angrenzender Küste aus. Durch Sandablagerungen und den hohen Druck der Wellen entstand schon damals ein Stein, der Lindlar erst viele Millionen Jahre später weltberühmt machen sollte: Die Lindlarer Grauwacke. Man findet den Stein heute in Hotels in Dubai oder in der Lounge des Frankfurter Flughafens, aber auch – hauchdünn geschnitten – im Badezimmer des russischen Milliardärs Roman Abramowitsch. Aber nicht nur der Stein hat die Zeit überdauert. Er wird bis heute auf dem Brungerst abgebaut. Im Stein selbst findet man auch heute noch Zeugnisse von den Tagen, als das Bergische am Rand des Tropenmeeres lag: Fossilien von Tieren wie Muscheln, Schnecken und Seelilien, aber auch Pflanzen. Durch schwere tropische Stürme wurden früher nämlich hier an der Küste wachsende Pflanzen entwurzelt, zerbrochen und schnell im Sand begraben. So entstanden die weltberühmten Pflanzenfossilien von Lindlar. Zuletzt fanden Arbeiter hier die Überreste des ältesten Waldes der Welt.

Tourbeschreibung

Der Weg ist einfach zu finden. Wir folgen einer weißen Acht auf rotem Grund. Vom Marktplatz aus geht es den Berg hinauf, wir durchqueren bald den kleinen Park Plietz mit einem sehr idyllischen Spielplatz. Hier werde die Kinder schon zum ersten Mal rasten wollen. Vielleicht tun Sie ihnen den Gefallen, schließlich ist der Weg nicht allzu lange, man kann ihn also ruhig mit einigen Pausen durchsetzen, ohne später in Eile zu geraten. Weiter geht es – der weißen Acht folgend – durch ein Wohngebiet den Berg hinauf. Schließlich biegen wir rechts in einen Weg zum Wald hinein. Wir befinden uns jetzt auf dem Weg der Steinhauer, die hier schon vor etwa dreihundert Jahren in schweißtreibender Arbeit den berühmten Grauwacken abtrugen.

Auf dem Brungerst angekommen können wir mehrere Blicke in die verlassenen Steinbrüche vergangener Jahrhunderte werfen, aber auch ansehen, wie hier heute noch Steine abgebaut werden. Die Steinbrüche liegen am Wegesrand und wir kommen nahezu automatisch daran vorbei, aber Achtung: es gibt ausgeschilderte Abzweige in die Brüche hinein. Zunächst, nach kurzem Weg durch den Wald, führt ein Pfad nach rechts in den BGS Steinbruch und zur großen

Geschichten, zu erzählen bei der Rast:

Das Leben der Steinhauer: Über Jahrhunderte hinweg arbeiteten in Lindlar fast alle Männer des Dorfes im Steinbruch auf dem Brungerst. Die Arbeit war schwer, mussten die Männer die Grauwacken doch mit der Kraft ihrer Arme und Hammer und Meißel abtragen. Gewaltige Blöcke wurden dabei aus den Felswänden gelöst und in mühseliger Handarbeit mit Brechstangen, Spitzhacken und Keilen in die gewünschte Form gebracht. Der Lohn war gering, die meisten Familien hatten lediglich einen Gemüsegarten und eine Ziege, um das nötigste für ihr Leben zu erwirtschaften. Zudem wurden die Männer häufig krank und starben früh, weil sie ständig den Staub der Steine einatmen mussten. Sie litten deshalb an Staublungen. Nach Feierabend trank man gezuckerten Schnaps, nach damaliger Meinung die einzige Medizin gegen die Staublunge. Aber das half natürlich nichts, man atmete von Jahr zu Jahr schwerer, viele entwickelten eine chronische Bronchitis. Die kranken Männer saßen dann oft am offenen Fenster und rangen nach Luft. Sah man sie dort nicht mehr, weil sie an ihrer Krankheit gestorben waren, sagte man »der ist weg vom Fenster«, was noch heute sprichwörtlich für »der ist gestorben« verwendet wird.

Tiere im Steinbruch: Der Steinbruch hat nicht nur wirtschaftliche Bedeutung für die Menschen, sondern bietet nach Stilllegung auch ein Zuhause für viele Tierarten. So dienen zum Beispiel Hangschuttflächen, die nach Süden ausgerichtet sind, Waldeidechsen als Sonnenplätze. Sind kleine Tümpel in der Nähe, nutzt die Geburtshelferkröte die Hohlräume zwischen den Steinen tagsüber als Versteck. Sie heißt so, weil sie ein eigenwilliges Fortpflanzungsverhalten an den Tag legt. Die Männchen wickeln sich nach der Paaring mit dem Weibchen die befruchteten Eier um die Hinterbeine. Ein Männchen kann dann bis zu drei Laichschnüre von verschiedenen Weibchen tragen. Nach einiger Zeit sucht das Männchen ein Gewässer auf, wo dann die kleinen Kaulquappen schlüpfen. Wer leise ist und lauscht, hört vielleicht die glockenähnlichen Rufe der Kröte, die ihr im Bergischen auch den Namen »Glockenfrosch« oder »Steinklimper« eingebracht haben. Auch der Uhu freut sich über stillgelegte Steinbrüche, dienen die Abbruchwände ihm doch als willkommene Nistplätze. Auf dem Brungerst ist auch die Schlingnatter zu Hause. Die kleine Schlangenart versteckt sich häufig unter Steinplatten. Größere Beutetiere werden umschlungen und so an Gegenwehr gehindert, was der Schlingnatter ihren Namen einbrachte. Die Schlingnatter ähnelt der Kreuzotter, hat aber anders als diese runde Pupillen. Zur Verwechslung kann es ohnehin nicht kommen, denn die Kreuzotter kommt im Bergischen nicht vor. Die Schlingnatter legt übrigens anders als die meisten Schlangenarten keine Eier, sondern bringt kleine fertige Babyschlangen zur Welt.

»Lego-Wand« einer Kletterwand aus gewaltigen Grauwackenblöcken. Hier im Steinbruch finden sich immer wieder dekorative Platten mit Seelilienstielgliedern, eine große Infotafel erklärt die Geschichte des devonischen Meeres und gerade im Sommer blühen hier wunderschöne Blumen. Natürlich achten wir darauf, ob wir auf den Grauwackeplatten auch versteinerte Pflanzenreste sehen, die hier meist wie Grashalme aussehen.

Wieder zurück auf dem Steinhauerpfad folgen wir diesem nach rechts, bis an einem sehr dicken Grauwackenklotz wiederum ein Pfad nach rechts abzweigt. Ein bisschen geht es durch den Wald und wir stehen auf einer großen Aussichtsplattform über dem Steinbruch am Brungerst. Gewaltige Einblicke, unten in der Tiefe zwischen Felswänden ein blauschimmernder See, riesige Bagger erscheinen wie Spielzeug. Diese Aussichtsplattform ist wohl der beste Platz für eine Pause und ein Picknick.

Wieder zurück auf dem Steinhauerpfad wird es nahezu urwaldmäßig. Wir wandern jetzt durch die alten Steinbrüche in denen die Lindlarer Steinhauer schon vor Jahrhunderten Grauwacke abbauten. Der Weg ist wild und oft zugewachsen, immer wieder kommt hinter der nächsten Ecke ein neuer kleiner Steinbruch zum Vorschein, an etlichen Stellen entdecken wir die Ruinen von alten Häusern, in denen die Bergleute arbeiteten.

Weiter geht es durch die Eremitage und den Lindlarer Friedhof zurück zum Ausgangspunkt auf dem Marktplatz. Lassen Sie Ihre Kinder die Wegmarken suchen, die sind relativ einfach zu finden und wer Wanderführer ist, dem wird ganz sicher nicht so schnell langweilig.

Geologischer Exkurs:

Der älteste Wald der Welt: Es ist eine geologische Sensation. Der älteste Wald unserer Erde mit den ältesten baumförmigen Pflanzen stand in Lindlar im Oberbergischen. Rund 390 Millionen Jahre alt sind die Fossilienfunde, die aus der Ära des Mitteldevons stammen und von Geologen in den Lindlarer Steinbrüchen freigelegt wurden. Gefunden wurden Versteinerungen von Urfarnen, die kleine Wälder bildeten und auf einer Sandinsel im ausgedehnten tropischen Flachmeer wuchsen. Lindlar lag damals nämlich an der Küste dieses tropischen Meeres. Der Wald wurde vermutlich durch einen Tsunami ins Meer gespült, mit Sand und Schlamm überdeckt und so bis heute konserviert. Dinosaurier gab es zur Zeit der Lindlarer Urfarne übrigens noch lange nicht. Die ersten kamen erst 150 Millionen Jahre später, im Mesozoikum, dem Erdmittelalter, also etwa vor 250 Millionen Jahren.

Die Grauwacken aus Lindlar: Vor 360 Millionen Jahren – wir befinden uns im Zeitalter des Devon – war das gesamte Rheinische Schiefergebirge von einem etwa 40 Meter flachen, tropisch warmem Meer bedeckt. Im Norden gab es größere Landmassen, im Süden größere Inseln. Durch Flüsse gelang-

te von dort sandiger und toniger Abtragungsschutt kontinuierlich ins Meer. Im Laufe vieler Jahrmillionen wurde durch den Druck des Wassers daraus Sand- und Tonstein. Weil zwischen Sand und Schlamm auch immer wieder Seelilienstiele oder Muschelteile gerieten, sind Abdrücke dieser urzeitlichen Tiere und Pflanzen heute typisch für die Lindlarer Grauwacke – die streng genommen eigentlich ein Sandstein ist. Grauwacke gilt als robust und frostsicher, aber auch umweltfreundlich und wird deshalb heute zum Beispiel beim Bau von Straßen oder als Gleisschotter im Eisenbahnschienenbau verwendet. Aber auch in Freizeitparks finden wir Grauwacke als Pflaster, ebenso in Gärten in Form von Wegen oder Treppen. Die Brücke über die Sieg und Teile der Autobahnstrecke Düsseldorf-Wuppertal sind ebenfalls aus Grauwacke gefertigt. Auch Kirchen in Gummersbach, Wipperfürth und Lindlar wurden mit Grauwacke erbaut. Selbst der Altenberger Dom enthält Grauwacke aus dem Bergischen. Wer in den Dörfern im Bergischen, aber auch in Köln genauer auf Pflastersteine, Haussockel und Mauern achtet, entdeckt vielleicht auch dort die Negativabdrücke von Seelilienstielgliedern.

Leyberg

7

Einsam auf dem Gipfel

Wanderung zu einem grandiosen Picknickplatz mit Vulkangeschichte

» Ich fand am besten den Ausblick vom Leyberg auf den Rhein, den Drachenfels und das Siebengebirge. Ich hatte viel Spaß beim Aufstieg, vor allem, weil mein Freund Georgi und ich uns die ganze Zeit vorgestellt haben, dass wir irgendwann die Riesen entdecken, die hier im Siebengebirge mal gehaust haben sollen.«

(Anton, 9 Jahre)

Leyberg

Geeignet für: Kinder ab fünf Jahren, keine Kinderwagenstrecke, es ist nicht besonders anstrengend, allerdings geht es das letzte Stück ziemlich steil bergauf. Vom Leyberg selbst kann man auch hinunterfallen, auf kleine Kinder deshalb sehr gut aufpassen

Ausgangspunkt: Parkplatz, Jugendherberge Bad Honnef

Streckenlänge: 5 Kilometer
Wanderzeit: 3 Stunden

Höhenmeter Anstieg/Abstieg: 215 Meter

Anforderungen: keine besonderen

ÖPNV: Bis Bahnhof Bonn, dann umsteigen in die Straßenbahnlinie 66 bis Haltestelle »Rhöndorf Bahnhof«, anschließend Buslinie 566 bis Haltestelle »Selhof Kirche« (Bus fährt bis 20 Uhr)

KFZ-Navi: Selhofer Straße 106, Bad Honnef

Einkehr: Auf der Tour selbst gibt es keine Einkehrmöglichkeit. Wer aber im Anschluss Hunger auf Süßes mit Geschichte hat, fährt nach Rhöndorf ins Café Profittlich. Am Ziepchensplatz in einem alten Fachwerkhaus backt ein Konditor in vierter Generation herrliche Torten. Sogar die Königin von England hat sich von dieser ausgesuchten Adresse schon Herrentorte auf die Insel bestellt. *www.cafe-profittlich.de*

Picknickplätze: Am besten man spart sich seinen Hunger bis zum Leyberg-Gipfel auf. Der Ausblick über Siebengebirge, Rheintal und Nordeifel ist ungewöhnlich schön.

Attraktionen mit Eintritt: Wer seinen Ausflug im Sommer ausdehnen und einen echten Urlaubstag draus machen will, fährt anschließend runter zum Rhein und überquert eine der Brücken zur Insel Grafenwerth. Im Süden liegt das Bad Honnefer Freibad (Eintritt Erwachsene vier Euro, Kinder zwei Euro), direkt nebenan eine Minigolfanlage und ein gemütlicher Biergarten.

Empfohlene Ausrüstung: GPS-Gerät fürs Geocaching

Was man sammeln und entdecken kann: Geocaches, Basaltbrocken

Leyberg

Auf dem Weg zum Leyberg sieht alles zunächst nach Waldspaziergang aus. Doch dann, ganz plötzlich, sind die Spuren des uralten Vulkanismus, der einst die Landschaft schuf, für jeden Wanderer präsent. Der Leyberg mit seinen Basaltsäulen und dem umliegenden Schutt ist ein beeindruckendes Zeugnis davon, dass vor mehr als 30 Millionen Jahren das Rheinische Schiefergebirge zerbrach und sich die Niederrheinische Bucht einsenkte. An den Bruchzonen stieg vor 25 Millionen Jahren Magma auf, das in gewaltigen Vulkanausbrüchen die Voraussetzungen für die Entstehung des Siebengebirges schuf.

Tourbeschreibung

Wir starten an der Jugendherberge, laufen dort ein Stück bergauf und schlagen den Weg »Im rauen Graben« rechts ein. Wir kommen an einer Koppel mit Pferden vorbei und biegen an einem Gehege mit Ziegen rechts Richtung Wald ab. Der Weg führt uns bergauf durch den lichten Buchenwald. Es folgt eine Strecke durch den Wald, die wir mit Geschichten, aber auch mit der Suche nach einem Geocache verkürzen können. Nach etwa zwei Kilometern biegen wir an einem Tümpel links ab und gehen hangaufwärts in Richtung Leyberg. Nach 500 Metern steht da doch neben einer Bank tatsächlich ein Wegweiserstein, der in einen kleinen Weg nach links verweist, der Zugang zum Leyberg.

Wir sehen die Basaltkuppel im Wald schon vor uns. Das letzte Stück des Weges führt uns steil nach oben quer durch ein Meer aus Basaltbrocken. Noch vor ein paar Minuten deutete nichts darauf hin, dass wir inmitten der flachen Waldlandschaft einen solchen Aufstieg vor der Nase

7

Geschichten, zu erzählen bei der Rast:

Die Tränen der Mädchen und die Jungfrau im glühenden Wagen

Die Sagen um das Siebengebirge sind meist traurig und haben kein Happy-End. So besagt eine, dass es sich beim Geröll am Leyberg um die versteinerten Tränen der Bad Honnefer Mädchen handle, die um die gefallenen Soldaten trauerten. Auch für die kirchlichen Buß- und Bettage in der Fastenzeit, in der Pfingstwoche, im September und im Advent, haben sich die Bewohner der Gegend eine Geschichte einfallen lassen, die vor allem unartigen Kindern oft erzählt wurde. In den so genannten Quatembernächten nämlich soll eine Jungfrau im glühenden Wagen durch die Wälder des Siebengebirges fegen. Man erzählt sich, die Jungfrau Hedwig, Tochter des Burggrafen der Löwenburg, habe sich in einen schönen Ritter verliebt. Tragischerweise heiratete er die Jungfrau aber nicht, sondern zog in den Krieg ins Heilige Land, wo er starb. Ein fahrender Spielmann soll Hedwig die Todesnachricht übermittelt haben. Ihre Liebe lebte auch nach ihrem Tod weiter und soll als Klagelaut in jenen Nächten noch immer im Wald zu hören sein. Und wenn sich Kinder des Nachts zu lange draußen aufhalten, dann – so erzählte man sich – könne es sogar passieren, dass der feurige Wagen sie erwische, mit dem Hedwig noch immer durch die Wälder donnert und schließlich im Bad Honnefer Haus »Zur Höll« verschwindet. Einmal soll der Hofbesitzer des Anwesens »Zur Höll«, das noch heute an der Mülheimer Straße existiert, in einer dieser Nächte vergessen haben, das Tor für Hedwig offen zu halten. Am Morgen nach der Geisternacht, so will die Sage es, waren die Flügel des Tors zerschmettert.

Leyberg

haben würden. Der Grund ist vulkanisch: Ohne Verwitterungsprozesse würden hier die Basaltsäulen aus Magma steil aus der Erde ragen. Die unaufhörliche Kraft von Wind und Regen sorgte aber dafür, dass der Leyberg so erscheint, wie wir ihn heute sehen: Als riesiger Hügel aus Basaltbrocken, umringt von einer Schutthalde aus Steinen. Oben auf dem Leyberg angekommen, sind wir dem Vulkanismus sehr dankbar. Erlaubt er uns doch, in den Basaltbrocken unser Lager aufzuschlagen und dabei die wunderschöne Aussicht auf das Siebengebirge, die Nordeifel und das Rheintal zu genießen.

Nach der Rast steigen wir wieder herunter, am Ende des kleinen Weges am Wegweiserstein biegen wir nach links ab.

Rechts im Wald – wenn das Laub an den Bäumen nicht zu dicht ist – entdecken wir den »Kleinen Leyberg«, einen vielleicht zehn Meter hohen Basalthügel. In der Mitte ragen Basaltsäulen heraus, rundherum türmt sich der Schutt. Man kann hier exemplarisch sehen, was auch beim großen Leyberg passiert sein dürfte: Von unten drang durch einen Spalt in der Erde basaltisches Magma nach oben und blieb im Tuff an der Oberfläche stecken. Heute haben Wind und

Leyberg

Wetter den Tuff in dieser Gegend komplett wegerodiert, weshalb wir nur noch devonische Sandsteine sehen können, die einst unter dem Tuff lagen. Dies ist das vierhundert Millionen Jahre alte Grundgebirge, das das ganze Rheinische Schiefergebirge bildet. Besonders in den tief eingeschnittenen Rinnen, den Siefen, können wir oft die devonischen Sandsteine erkennen.

An der großen Kreuzung kurz hinter dem kleinen Leyberg gehen wir geradeaus, kurz darauf knickt der Weg nach links ab. Wir folgen dem Weg durch den Wald den Berg hinab bis wir wieder an den Ziegen vorbei kommen. Von dort geht es links nach vorne zur Straße, an der die Jugendherberge liegt.

Geologischer Exkurs:
Basaltsäulen

Tief in der Erde ist das Magma basaltisch, es ist noch kieselsäurearm (SiO_2-arm), es gibt im Magma keinen freien Quarz. Das ist wichtig für die Art und Weise, wie das Magma an die Erdoberfläche dringt. Basaltisches Magma ist gut fließfähig, gelangt es an die Erdoberfläche, fließt es als Lavastrom aus und über die Erde. Magma, das relativ schnell aus dem Erdinneren an die Erdoberfläche gelangt, fließt ebenfalls als Lavastrom aus. Zu Beginn hat das Magma etwa eine Temperatur von 1100 Grad Celsius. Kühlt dieser Strom auf unter 970 Grad ab, bilden sich im Idealfall Säulen senkrecht zur Abkühlungsachse. Die sechsseitigen Säulen rühren daher, dass sich das Material beim Abkühlen zusammenzieht und die so entstehende Spannung zu Rissen im Stein führt. Die Lava platzt sozusagen in relativ regelmäßige Säulen auf, die senkrecht aus dem Lavakörper herauszuwachsen scheinen.

Am Leyberg ist die Lava nun nicht als Lavastrom ausgetreten, sondern kurz unter der Erdoberfläche in einer hundert Meter dicken Tuffschicht stecken geblieben, die einst diese Region bedeckte. Man nennt das eine Intrusion, praktisch eine mehrere hundert Meter durchmessende Lavablase. Die Lava drang in den Tuff ein, blieb kurz unter der Erdoberfläche stecken und kühlte ab. Es bildeten sich Basaltsäulen, die in all diejenigen Richtungen zeigten, in die die Wärme des Magmas entweichen konnte – vorwiegend nach oben, aber auch strahlenförmig in alle Himmelsrichtungen.

Südliche Wahner Heide

8

Auf den Spuren der Eiszeit

Zwischen Heidekraut und Sanddünen

》 Ich habe Wildschweinfußabdrücke entdeckt und das fand ich gut.«

(Wilhelm, 4 Jahre)

》 Alle glauben, dass das Wildschweinspuren waren, aber ich glaube, das war ein ausgerutschter Hund. Ich fand die Mistkäfer schön und es gab davon sehr viele. Wir haben Milchquarze gefunden.«

(Theobald, 6 Jahre)

Südliche Wahner Heide

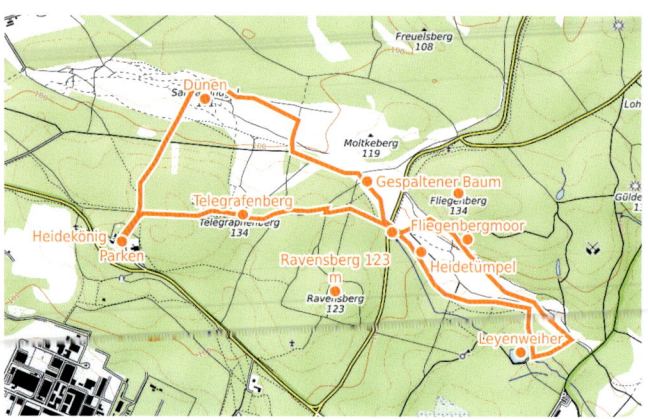

Geeignet für: Die Tour ist für jedermann geeignet und auch mit einem geländegängigen Kinderwagen zu machen. Anstrengende Partien sind nicht dabei und die Kartenskizze zeigt, dass bei Bedarf leicht abgekürzt werden kann.

Ausgangspunkt: Wanderparkplatz am Heidekönig oder Waldparkplatz Fliegenberg an der Altenrather Straße zwischen Troisdorf und Altenrath

Streckenlänge: variabel, wir stellen ein paar spannende Orte und einen Rundweg vor, der sich nach Lust und Laune einfach abkürzen lässt.

Wanderzeit: nach eigenem Ermessen, die ganze Runde dauert gut fünf Stunden

Höhenmeter Anstieg/Abstieg: 50 Meter

Anforderungen: keine besonderen

ÖPNV: Buslinie 506 von Sieglar über Troisdorf nach Altenrath, Haltestelle Fliegenberg

KFZ-Navi: Heidekönig, Mauspfad 3, 53842 Troisdorf

Einkehr: Waldgaststätte Heidekönig, Mauspfad 3, 53842 Troisdorf *www.der-heidekoenig.de*

Picknickplätze: überall lässt es sich gut picknicken, besonders schön sind die Stellen mit einer Aussicht über die Heide. Hier ist besonders der Fliegenberg zu empfehlen, aber auch in den eiszeitlichen Sanddünen beim Heidekönig und auch am gespaltenen Baum finden sich sehr schöne Plätze.

Attraktionen mit Eintritt: keine

Empfohlene Ausrüstung: Fernglas zur Tierbeobachtung. Bestimmungsbuch für Tierfährten

Was man sammeln und entdecken kann: An vielen Stellen liegen Rheinkiesel herum, auch schöne Milchquarze lassen sich oft sammeln. An den Hängen des Telegrafenberges finden sich Glasklumpen als Relikt irgendeiner Schmelze, einige der Glasklumpen sehen sehr dekorativ aus.

Zur richtigen Jahreszeit sitzen in etlichen Tümpeln und vor allem auch in allen großen Pfützen jede Menge Frösche. Im Sommer krabbeln tausende Mistkäfer auf allen Wegen umher. Tierliebe Kinder können die stundenlang beobachten. Ist der Boden etwas matschig, lassen sich viele Tierfährten gut erkennen.

Südliche Wahner Heide

Man sieht es der Landschaft auf den ersten Blick nicht an, aber sie wurde in den letzten Eiszeiten erschaffen. Einst floss da, wo jetzt Heide ist, noch der Rhein entlang, später wehten die eiszeitlichen Winde große Sanddünen auf. Die typische Heidelandschaft aber erschuf der Mensch. Denn dass die Landschaft so erhalten blieb, ist auch die Folge der beiden letzten Weltkriege. War die Wahner Heide einst Schießübungsplatz preußischer Truppen, diente sie nach dem Zweiten Weltkrieg der belgischen Armee als Truppenübungsplatz. Jegliche Bebauung wurde so lange Zeit verhindert – bis man auf die Idee kam, mitten in dieses wunderbare Gebiet einen Flughafen zu setzen.

Tourbeschreibung

Mit dem Bus erreichen wir den Wanderparkplatz an der Altenrather Straße, auf dem wir unser Auto parken. Wer aber beabsichtigt, nach der Tour im Heidekönig einzukehren, der parkt an der Gaststätte und gelangt nach einem Weg

Geschichten, zu erzählen bei der Rast:

Steinzeitmenschen in der Wahner Heide

Schon die Menschen der Altsteinzeit kannten vor 300.000 Jahren die Wahner Heide und waren hierher unterwegs, um sich Werkzeuge zu besorgen. In der Steinzeit mussten diese noch aus Gestein selbst gemacht werden und konnten nicht im Baumarkt gekauft werden. Dazu suchten die Steinzeitmenschen ein möglichst scharfkantiges Gestein, wie beispielsweise den Feuerstein Norddeutschlands. Im Rheinland sind solche Gesteine selten, weshalb Steinzeitmenschen dafür weite Wege in Kauf nahmen, um zu Orten wie dem Ravensberg zu gelangen. Weit und breit gibt es im Rheinland nur Sand und Kies aus den Eiszeiten. Der Ravensberg bildet da eine Ausnahme. Er entstand schon in der Devonzeit vor 400 Millionen Jahren. Im Laufe der Erdgeschichte entwickelte er sich zu sehr hartem Quarzit, aus dem sich messerscharfe Werkzeuge und Klingen schlagen ließen.

Wir finden den Ravensberg etwas abseits unserer Tour, in der Ecke zwischen Mauspfad und Altenrather Straße und südlich davon, fast am Mauspfad gelegen, stoßen wir auf die Emeritage. Es handelt sich um einen versteckten Ort, der aber auf der Karte eingezeichnet ist. Ein kleiner Pfad, der Ringelsteinweg, führt dorthin und wer die Emeritage findet, spürt die Magie des Ortes. Eine gewaltige, 6 × 10 Meter große und jahrmillionen alte Quarzitplatte liegt dort im Sand. In der Jungsteinzeit war das hier ein mythischer Platz, im 17 Jahrhundert siedelten hier Einsiedler-Mönche. Und überall liegen mächtige, dunkle Quarzitblöcke herum.

Geologische Exkurse:

Rheingerölle: Auf unserem Weg durch die Wahner Heide sehen wir immer wieder Kieselsteine auf dem Boden liegen. Besonders häufig sind sie dort, wo es hangaufwärts geht, wie auf dem Fliegenberg und am Telegrafenberg. Auffällig sind vor allem die weißen Milchquarze. Es sind nicht etwa Steine, die der Förster hier hat abkippen lassen, um die Wege zu befestigen, es sind Rheinkiesel, die der Rhein hier einst zurückgelassen hat. Es handelt sich um Ablagerungen der Mittelterrasse, also um ältere Rheinablagerungen aus der vorletzten Eiszeit. Und die liegt ungefähr eine Million Jahre bis 400.000 Jahre zurück. Hier oben, wo jetzt die Wahner Heide ist, floss einst der Rhein entlang und lagerte Sande und Kiese ab. Wer sich schon mit den Rheinkieseln befasst hat (unsere Exkursion 4) wird hier Rheingerölle wiedererkennen, die wir schon am Rheinufer gefunden haben, aber auch andere Gerölle können dabei sein. Und was interessant ist: auch Halbedelsteine wie Achate können sich in den Rheinkieseln der Wahner Heide verstecken.

Eiszeitliche Sanddünen: Die Dünen der Wahner Heide sind nicht so schön ausgebildet wie die Dünen an der Nordseeküste oder in der Sahara. Das hängt einerseits mit dem Alter zusammen, die Nordseedünen sind von heute, die Dünen der Wahner Heide bildeten sich vor 10.000 Jahren, gleich nach der letzten Eiszeit. Es handelt sich um Flugsanddünen. Winde strichen über die noch vegetationsarme Landschaft, wehten aus den Sand-Kies-Ablagerungen des Rheins die lockeren und leichten Sande aus und häuften sie hier zu Dünen auf. Andererseits war die Wahner Heide lange Militärübungsplatz, hier fuhren Panzer kreuz und quer herum, das ist nicht spurlos an den Dünen vorüber gegangen.

über den Fliegenberg auch an den Wanderparkplatz. Durch den gut sichtbaren Eingang in die Wahner Heide neben dem Biergarten des Heidekönigs gehen wir geradeaus bis zur ersten Kreuzung, folgen dort nach rechts dem Stellweg bis zum Telegrafenberg, eindeutig erkennbar am großen Funkmast mit rotem Blinklicht. Hier finden wir eine herrliche Aussichtsstelle über die Heidelandschaft und die startenden und landenden Flugzeuge. Dem Weg folgen wir weiter geradeaus und sind nach zehn Minuten an einem Parkplatz, an dem wir die Altenrather Straße überqueren.

Unser Weg führt uns am Rande der Baumgrenze entlang, vielleicht auch links davon auf einem der Parallelwege durch die offene Landschaft aus Heidekraut und Ginster. Nach nur wenigen hundert Metern kommen wir an einem Tümpel vorbei, im Sommer mag der auch schon mal ausgetrocknet sein, aber sonst ist er Heimat zahlreicher Wasserfrösche. Überall wo Frösche sind, gilt die strikte Regel: nicht

sprechen, ganz leise sein, langsam anschleichen, die Frösche tauchen bei Störungen sofort unter. Und sind sie erst einmal weg, so kommen sie so schnell nicht wieder. Da ist es am besten, wir setzen uns ganz still und so bewegungslos wie möglich hin und warten. Denn es dauert nicht lange, da taucht der Wasserfrosch wieder auf und wir können ihn ausgiebig beobachten. Meist aber zeigen die Frösche keine besondere Aktivität, sie sitzen am liebsten still in der Sonne.

Wer eine etwas größere Tour machen möchte, folgt dem Weg immer geradeaus am Waldrand entlang, bis rechts neben einem mächtigen Betonklotz ein markierter Wanderweg, der »Heideweg«, auch bekannt als einer der Erlebniswege Sieg, in Richtung Leyenweiher abzweigt. Am Weiher lohnt es sich bereits, eine Pause einzulegen, im Sommer blühen Seerosen, zahllose Enten paddeln auf dem Wasser, am hinteren Ufer sind fast immer Reiher oder Kormorane zu beobachten. Ein Fernglas ist jetzt sinnvoll. Es führt kein

Weg um den Weiher herum, das hintere Ufer ist vollkommen versumpft, überall sind Bäume umgefallen, diese Region gehört den Vögeln, die sich hier verstecken und auch brüten.

Vom Leyenweiher gehen wir wieder zurück durch den Wald, bis wir auf die offene Heide stoßen, halten uns links, kommen in bekannte Gefilde, gehen jetzt aber am oberen Waldrand entlang. Zur richtigen Jahreszeit, im Juli und August, wird die Welt hier lila, die Heide blüht. Nach einem für die Wahner Heide schon fast mächtigen Anstieg sind wir oben auf dem Fliegenberg und achten auf eine Informationstafel rechts im Wald, dahinter liegt das kleine Fliegenbergmoor. Ein Moor ist ein ganz besonderes Feuchtgebiet, es fällt niemals trocken, es ist immer Wasser darin, sei es Regenwasser oder Wasser, das aus dem Untergrund zufließt. Das Moor ist in den unteren Bereichen sehr sauerstoffarm, das organische Material kann nicht völlig zersetzt werden, es bilden sich Torfschichten. Mit der Zeit wächst ein Moor immer weiter in die Höhe, die Torfschichten unten werden immer dicker.

Im Sommer 2019 war das kleine Fliegenbergmoor aufgrund der lang anhaltenden Trockenheit und dem fehlenden Regen nahezu ausgetrocknet und von Wildschweinen zerwühlt. Wer weiß, ob es sich wieder gänzlich erholt.

Ein Stück weiter erreichen wir einen grandiosen Aussichtspunkt, auf ein paar liegenden Baumstämmen können wir uns niederlassen. Der Blick schweift über die Wahner Heide, hinter den Bäumen schimmert die Siegburg hervor und am Horizont erstreckt sich das Siebengebirge. Es ist ein erhabener Anblick, wenn man des Morgens hier sitzt und hinter dem Siebengebirge geht glühend rot die Sonne auf

Es geht hangabwärts, wir passieren den Parkplatz und überqueren die Straße, biegen nach 50 Metern nach rechts ab und passieren nach kurzem den gespaltenen Baum, eines der beliebtesten Fotomotive der Wahner Heide.

Dort biegen wir nach links ab und wandern auf dem breiten Eisenweg, einer historischen Handelsstraße, die uns in die Calluna-Heide führt. Es ist nicht notwendig, einen Weg

durch die Dünen zu beschreiben, die Wege sind offensichtlich und jeder erkundet die Sanddünen auf den zur Verfügung stehenden Wegen (bitten denken Sie daran: die Wahner Heide ist ein Naturschutzgebiet, die Wege also nicht verlassen). Auf dem deutlichsten Hügel erkennen wir die Reste eines Bunkers, hier halten wir uns nun scharf links, gehen immer auf den Kiefernwald zu, finden einen Weg in den Wald hinein, immer geradeaus und erreichen den »Heidekönig«, eine herrliche Waldgaststätte mit Tischen kreuz und quer auf einer großen Wiese, es sitzt sich hier wunderbar an warmen Nachmittagen und lauen Sommerabenden. Wer von den Sanddünen kommend den falschen Weg einschlägt, muss keine Sorge haben, der Heidekönig ist vielfach ausgeschildert.

Gerade die Landschaft um die Dünen hat einen weiteren besonderen Reiz. Es bilden sich hier bei Regen oft große Pfützen, in denen sehr viele Wasserfrösche sitzen. Meist bemerken wir sie erst, wenn neben uns irgendetwas ins Wasser platscht. Auch hier müssen wir wieder ganz still sein, am besten man hockt sich irgendwo hin – vielleicht sogar mit einem Fernglas – und sucht die Pfützen geduldig nach Fröschen ab. Wer sich ganz langsam nähert und Ausdauer hat, kann von den Fröschen auch schöne Fotos machen.

Siegwasserfall und Burgruine

9

Wo die Sieg sich in die Tiefe stürzt

Vom größten Wasserfall Nordrhein-Westfalens hinauf zur Burgruine aus dem Mittelalter

» Die Burg ist mega spannend. Ich denke immer, da kann gleich ein Ritter rauskommen. Und es gibt viele gute Verstecke, auch den geheimen Gang haben wir gefunden und sind weit reingegangen. Zum Glück hatten wir eine Taschenlampe dabei. Es war schon etwas unheimlich.«

(Kevin, 7 Jahre)

Siegwasserfall und Burgruine

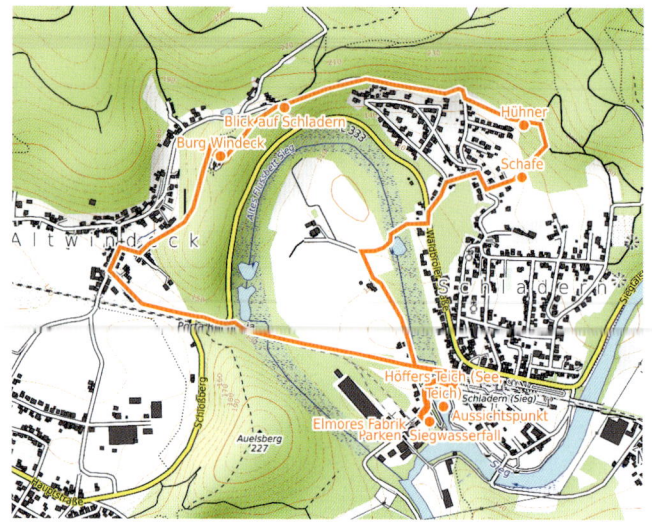

Geeignet für: Kinder ab 5 Jahren. Wer mit dem geländegängigen Kinderwagen unterwegs sein will, kann bis zur Burgruine auf relativ breiten Wegen fahren. Der Abstieg verläuft aber über schmale Pfade, also besser auf selbem Weg zurück.

Ausgangspunkt: Parkplatz am Siegwasserfall, Elmores Fabrik, Schönecker Weg 8 – Tourismusinfo, Biergarten, Restaurant

Streckenlänge: 6 Kilometer
Wanderzeit: 2 Stunden

Höhenmeter Anstieg/Abstieg: 115 Meter

Anforderungen: leicht

ÖPNV: Regionalbahn RE 9 und S-Bahn S12 bis Bahnhof Schladern

KFZ-Navi: Schönecker Weg 7, 51570 Windeck-Schladern

Einkehr: direkt am Parkplatz gibt es ein großes Open-Air-Restaurant, natürlich auch überdacht

Picknickplätze: bester Picknickplatz auf der Burgruine

Attraktionen mit Eintritt: keine

Empfohlene Ausrüstung: Wanderschuhe

Siegwasserfall und Burgruine

Wenn die Sieg Hochwasser führt, macht der Siegwasserfall seinem Namen alle Ehre. Nicht sehr hoch, dafür breit und über schroffe Felsen ergießt sich ein rauschendes und schäumendes Gewässer, das wirklich imposant erscheint. Im Sommer sind es dann irgendwann nur noch ein paar magere Rinnsale, die durch die Felsen plätschern, nicht unbedingt ein Nachteil, lässt es sich doch dann dafür gut inmitten des Wasserfalls sitzen. Ein leichter Rundweg führt zur über 800 Jahre alten Burgruine, die auf dem Berg über Windeck thront.

Tourbeschreibung

Wasserfälle finden sich in den Rheinlanden eher selten, meist verdienen sie den Namen nicht wirklich. Der Siegwasserfall bei Schladern ist da doch eine Ausnahme, es ist der größte Wasserfall Nordrhein-Westfalens und wenn die Sieg im Winter oder Frühjahr richtig viel Wasser führt, brausen die Wassermassen auf 84 Metern Breite mit imposantem Rauschen die Felsen herab. Und doch ist der Wasserfall nicht echt, er wurde von Ingenieuren gefertigt. Die Sieg war nämlich einst im Weg, als dort eine Eisenbahnlinie gebaut werden sollte, die von Köln nach Gießen führte. Der Fluss wand und kringelte sich durch die Landschaft, er mäandrierte, wie das heißt und ließ durch seine vielen Flussschlingen keinen geraden Straßen- oder Schienenverlauf zu. So wurde in den Jahren 1857 und 1858 einfach ein Teil eines Berges weggesprengt, die Sieg bekam einen neuen Flusslauf, die alte Siegschleife wurde trockengelegt und für die Eisenbahn war der Weg nun frei. Praktisch ist das schon, denn mit der Regionalbahn 9 oder S-Bahn 12 kommen wir so von Köln oder Bonn nach Schladern, steigen am dortigen Bahnhof aus und sitzen schon am Wasserfall. Durch den Verlust der Siegschleife gin-

Geologischer Exkurs:
Wieso kringeln sich Flüsse?

Fließt ein Fluss nicht gerade, sondern windet sich wie eine Schlange in bogenförmigen Schlingen durch die Landschaft, so sagt man, er mäandriert, seine Schlingen werden als Mäander bezeichnet. Die Entstehung von Mäandern ist nicht restlos geklärt, Mäandern von Flüssen, die auf einer flachen Ebene entlang fließen, hat das andere Ursachen, als bei mäandernden Flüssen in steilen Tälern. Man kann aber davon ausgehen, dass Mäander dann entstehen, wenn in einem zunächst gerade verlaufenden Fluss eine zufällige Unregelmäßigkeit im Flussbett den Strömungslauf leicht verändert. Das Wasser fließt dann plötzlich in eine etwas andere Richtung, das Ufer wird an dieser Stelle stärker erodiert, der Fluss bekommt eine leichte Beule. Im Laufe der Zeit vergrößert sich die Beule und wird zur Flussschlinge. Wird die Schlinge irgendwann zugeschnürt, bricht der Fluss durch und ein Altarm entsteht.

Siegwasserfall und Burgruine

gen dem Fluss aber vier Meter Gefälle verloren, das musste ausgeglichen werden, es wurde ein Wasserfall gebaut. Wenn der auch heute von vielen als Naturschauspiel bewundert wird, so ist er doch vielmehr eine ingenieurtechnische Meisterleistung.

Vom Parkplatz – oder bei Anreise mit dem Zug vom Bahnhof aus – folgen wir dem markierten Wanderweg »Mäanderweg«. Er führt nach Kurzem in den Altarm der Sieg, den Krummauel hinein, in Tümpeln und Feuchtgebieten können wir allerhand Tiere beobachten. Diese Flussschleife wurde durch einen Eisenbahndamm von der Sieg getrennt, den die Ingenieure hier aufschütten ließen. Bald entfernen wir uns von der alten Siegschlinge und wir die alte Siegschlinge und wandern ein Stück durch den Ort Schladern und verlassen den Mäanderweg nach rechts in den Finkenweg, gehen zu dessen Ende rechts, dann direkt links in die Straße »In den Hähnen«, dort am Ende in den schmalen Pfad, der

uns geradeaus in den Wald führt, wir folgen dort der Wegmarkierung »A8«.

Rechts des Weges weiden Schafe, im Wald stoßen wir nach einer Kurve links des Weges auf ein großes Hühnergehege, etwas versteckt liegt es hinter den Bäumen. Es ist spannend anzusehen, wie die Hühner fröhlich durch das Gehege flitzen oder auch mal ein stolzer Hahn vorbei marschiert. Sie scheinen glücklich, kein Leben in einer engen Legebatterie führen zu müssen. Diesem Weg folgen wir nun, immer am Waldrand entlang, er wird irgendwann zum asphaltierten Fahrweg, der Anstieg zur Burgruine ist nicht sehr steil.

Nach einer Wegkurve bei einigen schmucken Fachwerkhäusern stehen wir unvermittelt vor der imposanten Burgruine auf dem 210 Meter hohen Berg. Vor 800 Jahren stand die Burg bereits hier, es handelte sich um eine Grenzfestung der Grafen von Berg, denen auf der Burg Blankenberg die Grafen von Sayn gegenüberstanden. Von hier oben bietet sich ein wunderbarer Ausblick über das Tal der Sieg. Ein wirklich guter Picknickplatz, hier lohnt es sich, eine Weil zu rasten. Aber wir sollten nicht nur eine Stärkung einnehmen, sondern uns auch auf eine kleine Erkundungstour durch die Burgruine aufmachen. Viele versteckte Winkel und Ecken harren der Entdeckung, natürlich lässt es sich in so einer Burgruine auch vortrefflich herumklettern. Wer Glück hat, findet auch den versteckten geheimen Stollen, der tief in den Berg unter der Burg hinein führt. Wie tief? Nun, wer mutig ist und dann auch noch eine Taschenlampe dabei hat, der kann sich auf Entdeckungstour begeben und das Rätsel lösen.

Wir verlassen die Burgruine auf dem gekennzeichneten Mäanderweg, gehen den schmalen Pfad immer geradeaus, verlas-

Geschichten, zu erzählen bei der Rast:
Das Leben im Siegtal vor 200 Jahren

Es ist über 150 Jahre her, als 1860 die 183 km lange Strecke der Deutz-Gießener Eisenbahn fertig gestellt wurde und die erste Dampflok durch das Siegtal schnaufte. Heute führt eine moderne Schnellbahn dort entlang und die Menschen sind in einer Stunde in Köln. Vor wenigen hundert Jahren noch sah das ganz anders aus. Befestige Straßen gab es nicht, das Tal der Sieg ist eng und dort unten wand sich der Fluss in vielen Schleifen. Die Flusstäler waren sumpfig und gerade in den Zeiten, in denen der Fluss viel Wasser führte, oftmals kaum zu passieren. Im Winter war es klirrend kalt, denn die Siegregion ist keine sehr warme Gegend, die Berge schirmen oft die Sonne ab und die Kälte sammelt sich im engen Tal. Es kam kein Besuch, auch keine Händler, die irgendetwas hätten liefern können. Auch die Einwohner kamen kaum aus ihrem heraus, so saßen sie dann oft monatelang in ihren Dörfern fest.

sen den Mäanderweg auf dem Pfad geradeaus in den Ort, bestaunen die alten Fachwerkhäuser, auf der Straße Burgkapelle halten wir uns rechts, dann links, an der Bushaltestelle geht es links hinein in die »Burgwiese« und nun führt uns der Weg immer geradeaus an den Bahnschienen entlang. Es kann schon einmal windig werden, wenn ein Zug vorbei braust.

Am Ortseingang Schladern geht es rechts durch den Straßentunnel, dahinter wieder rechts. Dann sind wir wieder am Parkplatz neben Elmores Fabrik, der ehemaligen Industriehalle der Kabelmetall-Werke. Kurz nach 1890 gründete die britische Firma dieses Werk, die Wasserkraft des Wasserfalls nutzte man zur Stromerzeugung. 1902 wurde hier mit fünf Metern Länge das größte nahtlose Kupferrohr der Welt hergestellt. 1995 wurde die Fabrik nach einigen Besitzerwechseln geschlossen. Heute ist dieses Industriegebiet ein Kulturzentrum, in dem regelmäßig Livekonzerte, Theatervorführungen, Kunstausstellungen und Märkte stattfinden, im Sommer ist auf dem Platz vor der Halle ein großer Biergarten.

Neben der Halle, unten an der Sieg, liegt der Wasserfall. Von der Hütte oberhalb des Parkplatzes haben wir einen guten Ausblick über den Fluss und die Stromschnellen, unterhalb der Aussichtshütte, links den Hang hinunter, lassen sich die Felsen des Wasserfalls erobern. Bei niedrigem Wasserstand sitzen oft einige Menschen inmitten der Stromschnellen und genießen die Kulissen des um sie herum strömenden Wassers. Allerdings: Um dorthin zu gelangen, ist eine leichte Klettereinlage notwendig, also vorsichtig! Führt die Sieg viel Wasser, ist solch ein Abenteuer nicht möglich, dann rauscht der Fluss über die Felsen. Im Winter bilden sich oftmals bizarre und äußerst dekorative Eisskulpturen.

Lüderich

10

Wo schon die Römer nach Erzen gruben

Eines der ältesten deutschen Erzbergwerke liegt bei Bensberg

» Es ist spannend, sich vorzustellen, dass tief unter uns in der Erde überall Gänge sind, in denen Männer mit Hacken sitzen und nach Metallen graben. Ich wünschte, aus dem Förderturm kämen noch ein paar alte Bergmänner nach oben.«
(Jannik, 11 Jahre)

Lüderich

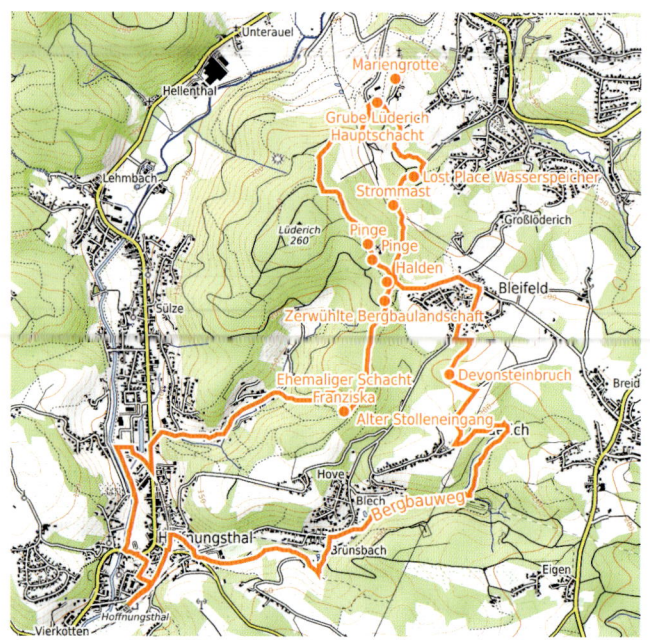

Geeignet für: Kinder, geländegängige Kinderwagen

Ausgangspunkt: Golfplatz auf dem Lüderich

Streckenlänge: bis zum Franziska-Schacht und zurück etwa 8 km. Große Runde 12 km (nicht kinderwagengeeignet)
Wanderzeit: 3 Stunden

Höhenmeter Anstieg/Abstieg: 50 Meter (ohne Bergbauweg), 286 Meter (gesamter Bergbauweg)

Anforderungen: ohne Bergbauweg leicht

ÖPNV: leider nicht

KFZ-Navi: Am Golfplatz 1, 51491 Overath

Einkehr: Restaurant im alten Maschinenhaus
www.gc-luederich.de/golfschule/gastronomie/unsere-gastronomie.html

Picknickplätze: neben dem Franziska-Schacht

Empfohlene Ausrüstung: Wanderschuhe

Lüderich

Schon vor 2000 Jahren schürften die Römer am Overather Lüderich im Bensberger Revier östlich von Köln nach Blei- und Zinkerz. Tatsächlich ist die Umgebung von Bensberg und Overath einmal eines von Deutschlands größten und wichtigsten Erzbergbaugebieten gewesen. Große Gebäude mit Erzaufbereitungsanlagen standen in der Landschaft, Fördertürme ragten in den Himmel und schafften aus großer Tiefe metallhaltiges Gestein an die Oberfläche, Lorenbahnen fuhren umher. Wir besuchen das einst größte Erzbergwerk des ehemaligen Bensberger Erzdistriktes, die Grube Lüderich bei Overath und finden auf unserer Tour zahlreiche Spuren des historischen Bergbaus.

Tourbeschreibung

Bergbau begeistert, egal wonach gegraben wird, egal wie lange es schon her ist. Der Grund? Es geht nach unten, in die Tiefe, in die Unterwelt, in Gegenden, die die meisten Menschen nicht kennen und in die sie sich nicht hinab trauen würden. Man weiß nicht, was da unten lauert, seien es Ratten, Molche, düstere Gestalten oder gar Geister. Und selbst wenn einem nichts dergleichen begegnet, dann besteht doch immer noch die Gefahr, dass die vielleicht doch zu engen Gänge im Berg einstürzen und wir dort unten jämmerlich verhungern müssen. Ist so eine Welt nicht wie geschaffen für Legenden oder zumindest ein spannendes Wochenendabenteuer? Der Lüderich eignet sich dafür leider nicht mehr. Nachdem am 27. Oktober 1978 die letzte Tonne Erz gefördert wurde, ist Feierabend, die Schächte wurden verschlossen. Fast 150 Jahre hatte das Werk da auf dem Buckel. Los ging es im Jahre 1830, als Arbeiter beim Straßenbau zufällig ein großes Bleierzvorkommen bei

Lüderich

Altenbrück entdeckten. Erst wurde das Erz nur in trichterförmigen Vertiefungen, so genannten Pingen, abgebaut, aber seit 1837 wurden Stollen in den Berg getrieben, zu groß waren die Erzvorkommen, als dass das Graben von Löchern ausreichte. 1852 begann eine belgische Bergbaugesellschaft, ein großes Bergwerk auf dem Lüderich zu errichten. Unten im Tal existierte eine riesige Aufbereitungsanlage, von der heute keine Spur mehr übrig ist. Aber doch ist die Landschaft auf dem Lüderich noch immer voller Bergbauzeugnisse. Es ist spannend, nach ihnen zu suchen.

Erreichbar und zu finden ist das Ziel leicht, dort wo einst die Kumpel im Schweiße ihres Angesichts das Erz aus der Tiefe förderten, schlägt man heute lässig kleine – aber nicht ungefährliche Bälle durch die Gegend. Auf dem Lüderich ist heute ein Golfplatz und an manchen Stellen warnen Schilder vor der Gefahr tieffliegender Golfbälle. Also fahren wir

10

Geschichten, zu erzählen bei der Rast:

Die Landschaft auf dem Lüderich mutet wild an, ist aber doch vom Mensch gemachte Natur. Es wachsen hier Bäume, Hecken, Blumen. Durch die Natur ziehen sich Pfade, die von Rehen ausgetreten wurden, Vögel und andere Tiere des Waldes lassen sich hier beobachten. Das war nicht immer so. Die gute alte Zeit war gar nicht so gut, überall dort, wo in Deutschland Erz abgebaut wurde, war die Landschaft zerstört und oft auch vergiftet. Wälder waren verschwunden, denn als einzige Energie für die Erzverhüttung, das Schmelzen des Metalls aus dem Gestein, stand Holzkohle zur Verfügung. Und da Holzkohle aus Bäumen gemacht wird, wurden dafür Bäume abgeholzt. Die Landschaft war kahl, überall türmten sich die Abraumhalden, die oft auch giftiges Material wie Bleiverbindungen an die Umwelt abgaben. Böden, Bäche und Teiche waren vergiftet. In den Flüssen trieben tote Fische. Noch vor wenigen Jahren war auch im Benzin für unsere Autos Blei enthalten. Irgendwann wurde das verboten, das Benzin »bleifrei«, weil man herausgefunden hatte, dass Blei das Hirn schädigen kann. Nicht nur auf dem Lüderich sah die Welt damals so kahl aus, sondern an vielen Orten im Bergischen Land, aber auch im Siebengebirge, in der Eifel, im Schwarzwald und erst recht im Erzgebirge und im Harz. Heute sind die Bergwerke verschwunden, weil anderswo auf der Erde Erze in größeren Mengen und billiger abgebaut werden können. Zum Beispiel in Afrika, Südamerika oder Indien. Die Umweltschäden, die dort beim Abbau angerichtet werden, sind immens, riesige Landstriche sind vergiftet. In Deutschland ist die Natur vielerorts in die Bergbaugebiete zurückgekehrt, oftmals sind daraus Naturschutzgebiete geworden und wir können uns auf schönen Wanderungen auf die Suche nach den Überresten alten Bergbaus begeben.

Geologischer Exkurs:

Wie entstehen eigentlich Erzgänge? Wie kommt das Erz in die Erde, warum oft so tief? Warum überhaupt ist das Erz oft als in die Tiefe führender Gang zu finden und nicht als breite platte Schicht in ein und derselben Höhe?

Die Entstehungsgeschichte der Erze im Rheinischen Schiefergebirge reicht 400 Millionen Jahre zurück. Damals breitete sich dort, wo heute Eifel, Sauerland und Westerwald liegen, das devonische Meer aus. Die hier drin abgelagerten sandigen und tonigen Sedimente wurden im Unterkarbon vor 350 Millionen Jahren zum Gebirge aufgefaltet. Das ging nicht ohne Brüche in den Gesteinen vor sich, zahllose Bruchzonen und Spalten durchzogen das neu entstandene variszische Gebirge. Aus dem heißen Erdinnern drangen hydrothermale Lösungen empor, heißes Wasser, in dem Quarz und Metallerze gelöst waren. Nahe der Erdkruste wurde es kälter, der Druck nahm ab, die gelösten Stoffe schieden sind in den Spalten ab und füllten diese aus. Es entstanden Quarzgänge, die oft auch nennenswerte Mengen an Erz enthielten. Später wurden diese am Lüderich und anderswo im Rheinischen Schiefergebirge abgebaut.

hoch zum Parkplatz und bringen uns am Förderturm des ehemaligen Hauptschachtes in Sicherheit. Der alte Förderturm ist ein erstes Highlight, jahrhundertelang zog er erzbeladene Loren aus der Tiefe empor, heute steht er da und regt uns zum Nachdenken an. Was sich hier wohl früher abgespielt haben muss?

Im alten Maschinenhaus direkt neben dem Förderturm ist heute ein Restaurant untergebracht, in dem es sich gerade im Frühling und Sommer wunderbar auf der Terrasse sitzen lässt. Wer eine Nachmittagstour macht, kann hier einen faszinierenden Sonnenuntergang erleben.

Das Maschinenhaus war das Haus, in dem die große Fördermaschine stand, in der das gewaltige Stahlseil auf- und abgerollt wurde, das den Förderkorb in die Tiefe ließ.

Der Sonnenuntergang mag noch so wunderbar sein, ein wahres Highlight ist der Sonnenaufgang am nebenan gelegenen Barbarakreuz. 1997 wurde es zu Ehren der heiligen Barbara, der Schutzheiligen der Bergleute, errichtet. Aus Edelstahl und gewaltige 15 Meter hoch. Es ist uns bewusst, es bedarf besonderer Anstrengungen dieses Naturschauspiel zu erleben, denn der Sonnenaufgang ist für gewöhnlich recht früh. Aber bestechen Sie Ihre Kinder mit irgendetwas, damit sie morgens nicht rummaulen, sondern raus wollen. Falls die Eltern die Schlafmützen sind: Reißen Sie sich zusammen. Denn wer im Sommer morgens um 5 Uhr auf dem Lüderich ankommt, hat ein Erlebnis der besonderen Art vor sich. Ausgestattet mit Kaffee, Kakao, Croissants und belegten Brötchen geht es frühmorgens hinauf auf den Parkplatz am Golfclub, rechts neben dem Förderturm die kleine Treppe hinauf, oben links durch das Tor und dann

Lüderich

links die Straße entlang, bis wiederum links ein Feldweg abzweigt. Wir passieren eine seltsame Metallkonstruktion, sieht mehr aus wie ein U-Boot, das gerade auftaucht. Es handelt sich aber um einen ehemaligen Luftschutzbunker, in dem jetzt eine Mariengrotte eingerichtet ist. Auf dem Rückweg besuchen wir sie, jetzt geht es den Feldweg weiter und auf einmal steht riesengroß das Barbarakreuz vor uns. Morgens schwarz im Dunkel der langsam verschwindenden Nacht, ragt es dennoch schemenhaft in den Himmel. Wir setzen uns auf die Bänke neben dem Kreuz und schauen gen Osten, ganz langsam beginnt der Horizont heller zu werden. Es dauert eine Weile, dann glüht der Himmel feuerrot und auf einmal schiebt sich eine orangefarbene Feuerkugel über den Horizont, schneller als wir denken strebt die Sonne gen Himmel. Das Barbarakreuz aus Edelstahl hinter uns glüht auch, der Himmel glüht, die Berge glühen wie Vulkane, die heiße Lava in den Himmel schicken. Es ist gewaltig, wir spüren die Wärme der Sonne und ertappen uns bei dem Gedanken: So muss es gewesen sein, als die Welt entstanden ist. Das sehr frühe Aufstehen hat sich gelohnt und nach dem Frühstück machen wir uns auf den Weg zum Franziskus-Schacht. Wir passieren das Tor zum Hauptschacht, gehen dahinter rechts in den Waldweg und gelangen an die Einfahrt zur Erddeponie. Geradeaus führt der Weg, wir halten uns nun immer links und umrunden die Deponie. Rechts und links des Weges sehen wir gelegentlich große Löcher, es sind alte Pingen, hier hat jemand oberflächlich nach Erz gegraben. Hinter einem einsamen Haus im Wald biegen wir rechts ab und folgen der Markierung des Bergbauweges. Durch eine vom Bergbau zerwühlte Landschaft voller Halden führt sie uns zum Franziska-Schacht. Urplötzlich taucht hinter den Bäumen der alte Förderturm auf. Hier gibt es einen netten Picknickplatz.

Impressum

Sven von Loga,
www.expedition-rheinland.de, post@expedition-rheinland.de
Claudia Lehnen,
www.travelini-blog.com, claudia.lehnen@gmx.de

Kiesel, Gold & schroffe Felsen
Geo-Exkursionen für Familien im nördlichen Rheinland

Die Autoren freuen sich über Verbesserungsvorschläge und Hinweise zu eventuellen Wegänderungen. Kontakt über die oben stehenden E-Mail-Adressen.

Gestaltung und Satz: Björn Pollmeyer
Fotos: Sven von Loga, Claudia Lehnen, Julia Muth *(Seite 16)*, Roland Ehrlich *(31)*, Wim de Vries *(59)*, Frank Landsberg *(60)*, Sven Meurs *(68)*, Markus Aretz *(71)*, Naturregion Sieg/Jiri Hampl *(112)*
Lektorat und Korrektorat: Claudia Lehnen

Gedruckt in der Europäischen Union, Finidr, CZ

© 2020 Eifelbildverlag,
ein Imprint der Kraterleuchten GmbH,
Gartenstraße 3, 54550 Daun

www.eifelbildverlag.de
ISBN 978-3-946328-61-2